中国猕猴桃

种质资源

图书在版编目（CIP）数据

中国猕猴桃种质资源 / 黄宏文主编. -- 北京：中国林业出版社，2013.9
（中国林木种质资源丛书）
ISBN 978-7-5038-7160-3

Ⅰ. ①中… Ⅱ. ①黄… Ⅲ. ①猕猴桃－种质资源－中国
Ⅳ. ①S663.402.4

中国版本图书馆CIP数据核字(2013)第196921号

中国林业出版社·自然保护图书出版中心
策划编辑：刘家玲
责任编辑：张　锴　刘家玲

出版发行：中国林业出版社
（100009　北京西城区德内大街刘海胡同7号）
网　　址：http://lycb.forestry.gov.cn
E-mail：wildlife_cfph@163.com
电　　话：（010）83225836
印　　刷：北京卡乐富印刷有限公司
版　　次：2013年11月第1版
印　　次：2013年11月第1次
开　　本：1/16
印　　张：10.5
印　　数：2000
字　　数：350千字
定　　价：128.00元

中国林木种质资源丛书

国家林业局国有林场和林木种苗工作总站 / 主持

中国猕猴桃种质资源

ACTINIDIA GERMPLASM RESOURCES IN CHINA

◆ 黄宏文 主编

Huang Hongwen

中 国 林 业 出 版 社

China Forestry Publishing House

序 PREFACE

林木种质资源是林木遗传多样性的载体，是生物多样性的重要组成部分，是开展林木育种的基础材料。有了种类繁多、各具特色的林木种质资源，就可以不断地选育出满足经济社会发展多元化需求的林木良种和新品种，对于发展现代林业，提高我国森林生态系统的稳定性和森林的生产力，都有着不可估量的积极作用。切实搞好林木种质资源的调查、保护和利用是我国林业一项十分紧迫的任务。

我国幅员辽阔，地形复杂多样，造就了自然条件的多样性，使得各种不同生态要求的树种以及不同历史背景的外来树种都能各得其所，生长繁育。据统计，中国木本植物大约有 9000 多种，其中乔木树种约 2000 多种，灌木树种约 6000 多种，乔木树种中优良用材树种和特用经济树种达 1000 多种，另外还有引种成功的国外优良树种 100 多种。这些丰富的树种资源为我国林业生产发展提供了巨大的物质基础和育种材料，保护好如此丰富的林木种质资源是各级林业部门的历史使命，更是林木种苗管理部门义不容辞的责任。

国家林业局国有林场和林木种苗工作总站组织编撰的《中国林木种质资源丛书》，是贯彻落实《中华人民共和国种子法》和《林木种质资源管理办法》的重大举措。《中国林木种质资源丛书》的出版集中展现了我国在林木种质资源调查、保护和利用方面的研究成果，同时也是对多年来我国林业科技工作者辛勤劳动的充分肯定，更重要的是为林木育种工作者和广大林农提供了一部实用的参考书。

"中国林木种质资源丛书"是以树种为基本单元，一本书介绍一个树种，这些树种都是多年来各省在林木种质资源调查中了解比较全面的树种，其中有调查中发现天然分布的优良群体和类型，

也有性状独特、表现优异的单株，更多的是通过人工选育出的优良家系、无性系和品种。特别是书中介绍的林木良种都是依据国家标准《林木良种审定规范》的要求，由国家林业局林木品种审定委员会或各省林木品种审定委员会审定的，在适生区域内产量和质量以及其他主要性状方面具有明显优势，是具有良好生产价值的繁殖材料和种植材料。

“中国林木种质资源丛书”有以下5个特点：一是详细介绍每类种质资源的自然分布区域、生物学特性和生态学特性、主要经济性状和适生区域，为确定该树种的推广范围和正确选择造林地提供可靠的依据；二是介绍的优良类型多、品种全、多数优良类型和单株都有具体的地理位置以及详细的形态描述，为林木育种工作者搜集育种材料大开方便之门；三是详细介绍这些优良种质资源的特性、区域试验情况和主要栽培技术要求，对于生产者正确选择品种和科学培育苗木有着很强的指导作用；四是严格按照种子区划和适地适树原则，对每个类型的林木种质资源都规定了适宜的种植范围，避免因盲目推广给林业生产带来不必要的损失；五是图文并茂，阐述通俗易懂，特别是那些优良单株优美的树形和形状奇异的果实，令人赏心悦目，可以大大提高读者的阅读兴趣，是一部集学术性、科普性和实用性于一体的专著，对从事林木种质资源管理、研究和利用的工作者都具有很好的参考价值。

张建国

2008年8月18日

前言 FOREWORD

猕猴桃隶属猕猴桃科猕猴桃属，是一种原产于我国的藤本果树。猕猴桃属植物共有 54 个物种、21 个变种，共 75 个分类单元，除白背叶猕猴桃（*Actinidia hypoleuca* Nakai，日本分布）及尼泊尔猕猴桃（*A. strigosa* Hooker f. and Thomas，尼泊尔分布）两个种外，其他种均为我国特有分布或中心分布。泛意上猕猴桃亦是中国的特有属，我国蕴藏着丰富的猕猴桃物种资源和优异种质资源。

追溯猕猴桃产业发展的历史，自 1904 年新西兰从湖北宜昌引种猕猴桃，到 2012 年世界猕猴桃栽培面积达到约 16 万公顷、年产量约 200 万吨、产值约 200 亿元；从单一的美味猕猴桃（*A. chinensis* var. *deliciosa*）的驯化栽培，到目前中华猕猴桃（*A. chinensis*）、软枣猕猴桃（*A. arguta*）、毛花猕猴桃（*A. eriantha*）及种间杂交品种的商业化应用；从单一的绿肉‘海沃德’（Hayward）品种，到目前多元化的绿、黄、红肉新品种市场化格局；无不体现着中国特有猕猴桃种质资源的引种驯化、育种改良及科技创新的历程。因而，调查、评估并总结猕猴桃属种质资源，不仅有利于我们全面了解猕猴桃属植物的资源概况，更能促进我们对中国猕猴桃资源的保护、利用及产业的可持续发展。

我国对本土猕猴桃资源的产业化开发利用虽晚于新西兰，但具《诗经》记载我国利用猕猴桃的历史可追溯至公元前 500～1000 年。特别是近代以来，我国几代猕猴桃工作者为我国猕猴桃资源的普查及总结做出了卓越贡献。1955～1977 年，中国科学院南京中山植物园、中国科学院植物所、华中农学院、湖北果茶所、福建南平专区农科所、黄岩柑橘研究所、中国农业科学院郑州果树所、河南西峡县林科所、中国科学院武汉植物所、广西林科所、西北农学院等单位先后对河南伏牛山地区、陕西太白山、湖北武当山、福建闽北地区、浙江黄岩地区、广西山区等区域开展了猕猴桃野生资源的考察及引种栽培尝试。1978 年由农业部主持召开的全国猕猴桃科研及管理专家座谈会，拉开了我国猕猴桃科研及产业发展的序幕；会议成立了以已故果树学家崔致学为总协调人的全国猕猴桃科研协作组，通过对 27 个省、自治区、直辖市的猕猴桃资源调查，基本查清了我国猕猴桃资源本底状况，并在此基础上，开展了猕猴桃栽培品种的选育，从美味猕猴桃、中华猕猴桃及软枣猕猴桃野生群体中筛选了 1450 多个优良单株，积累了我国猕猴桃产业发展的资源基础，并在此基础上出版了《中国猕猴桃》专著。

在前期工作基础上，20 世纪 90 年代开始我国在猕猴桃属植物特异资源的深入调查与收集保存、种质资源系统评价和创新、新品种选育和利用、新品种全球商业化推广上又相继取得了显著成就。20 世纪 90 年代至 21 世纪初，以黄肉猕猴桃‘金桃’及红肉猕猴桃‘红阳’为主的多样化品种的选育及全球范围广泛栽培，彻底改变了世界猕猴桃产业由‘海沃德’单一品种主导的格局，推动了猕猴桃市场多样化和消费的多元化。与此同时，我

国自主开展的猕猴桃种间杂交育种及种质创新的拓展逐步超越了新西兰传统育种的优势，如，毛花猕猴桃与中华猕猴桃种间杂交的新品种——‘金艳’由于融合了不同物种的优良性状，迅速成为主栽品种。最近猕猴桃专属志《猕猴桃属：分类 资源 驯化 栽培》的出版，为猕猴桃科研工作者提供了猕猴桃属植物系统分类、资源分布特征、猕猴桃驯化栽培史、遗传育种及种质创新，以及产业发展现状等较为详尽的资料。但受专属植物志的内容限制，在品种资源的介绍相对薄弱，编著《中国猕猴桃种质资源》以期与猕猴桃专属志书互为补充，以更好地指导今后猕猴桃育种科研和生产实践。

《中国猕猴桃种质资源》一书分上、下两篇，上篇为总论，包括3章，分别对猕猴桃的驯化简史及主要用途、猕猴桃属植物的分类概要及重要的特征、猕猴桃属中具有重要利用价值的物种进行了介绍；下篇包括3章，分别对美味猕猴桃、中华猕猴桃、软枣猕猴桃和毛花猕猴桃等的优良品种或品系进行了详细的描述介绍，共收集了美味猕猴桃主栽品种9个、优良品种18个、优良品系26个，中华猕猴桃主栽品种9个、优良品种28个、优良品系38个；软枣猕猴桃品种（系）16个；毛花猕猴桃品种（系）4个。

《中国猕猴桃种质资源》一书由国家林木种质资源保护专项经费资助及国家林业局国有林场和林木种苗工作总站支持，由中国科学院武汉植物园、湖北省林木种苗管理站、国家猕猴桃种质资源圃主持编撰，中国农业科学院吉林特产所、中国农业科学院郑州果树所、江西庐山植物园、浙江农业科学院园艺研究所、陕西省周至县猕猴桃试验站、湖北农业科学院果茶所、湖南农业科学院园艺研究所、湖南农业大学园艺园林学院等（以上单位按首字笔画排序）从事猕猴桃种质资源研究的一线中青年专家通力合作，整合20多年的数据积累及国内外有关资料汇编而成。在资料收集、整理过程中，王圣梅、许红霞、李新伟、李黎、刘小丽、姜正旺、张忠慧、张琼、姚小洪、龚俊杰、韩飞等（以上人名按首字笔画排序）做了大量的工作，卜范文、王仁才、方金豹、艾军、朱立武、陈庆红、张蕾、张清明、谢鸣、虞志军等（以上人员按首字笔画排序）提供了大量的资料和图片。

本书在编写过程中，力求内容全面、资料翔实、图文并茂、论述简明，以期为进一步开展猕猴桃种质资源研究和育种提供有益的借鉴和指导，为国内外从事猕猴桃科研、教学、生产和经营管理等工作的相关单位和人员提供有价值的参考，为猕猴桃产业的可持续健康发展提供基础支撑。但限于时间和水平，不妥之处在所难免，敬请同行和读者批评指正。

编著者

2013年6月

目录
CONTENTS

下篇 猕猴桃品种资源

- 猕猴桃驯化历史及主要用途
- 猕猴桃属植物分类及特征
- 猕猴桃属种质资源多样性

第一章

猕猴桃驯化历史及主要用途

猕猴桃属植物为功能性雌雄异株、落叶、半落叶或常绿木质藤本植物。其起源中心位于中国中部地区，广泛分布于中国大陆及部分周边国家。作为中国特有的珍贵果树资源，除尼泊尔猕猴桃（*Actinidia strigosa* Hooker f. and Thomas）和白背叶猕猴桃（*A. hypoleuca* Nakai）分别分布于尼泊尔和日本外，该属的 73 个种及种下类群均起源并自然分布于中国（黄宏文等, 2009）。因此，猕猴桃产业的发端、崛起和发展历史即为中国猕猴桃种属植物的引种、驯化和开发利用的历史。

第一节 猕猴桃驯化及产业发展史

一、我国古代对猕猴桃的栽培和利用概况

中国自古以来对猕猴桃属植物就有诸多记载。公元前 1000 ～ 500 年间《诗经》中描述道："隰有苌楚，猗傩其枝；……隰有苌楚，猗傩其华；……隰有苌楚，猗傩其实……"（"苌楚"即猕猴桃，意为"在潮湿的地方生长着猕猴桃，它的枝蔓轻柔随风摇曳，它的花和果实婀娜美观"）；公元前 200 年的西汉时代，《尔雅》第十三章中记录了"苌楚"和另一个别名"铫芅"；继而在公元 300 年的晋代，郭璞（公元 276 ～ 324 年）注释《尔雅》时认为"苌楚"和"铫芅"即为当时的"羊桃"或"鬼桃"，描述称"……叶似桃，花白，子如小麦，果如桃"；更为详细的记载是公元前 475 ～ 221 年间的《山海经·中山经》："又东四十五里曰丰山，其上多封石，其木多桑，多羊桃。羊桃状如桃而方茎，又名鬼桃，可以为皮张，治皮肿起"；至今，在河南、湖北、湖南等省份的山区，民间仍称猕猴桃为'羊桃'、'阳桃'、'藤梨'、'猕猴桃梨'及'鬼桃'等（图 1-1）。追溯典籍可见，猕猴桃自古以来即出现在人们日常生活中。

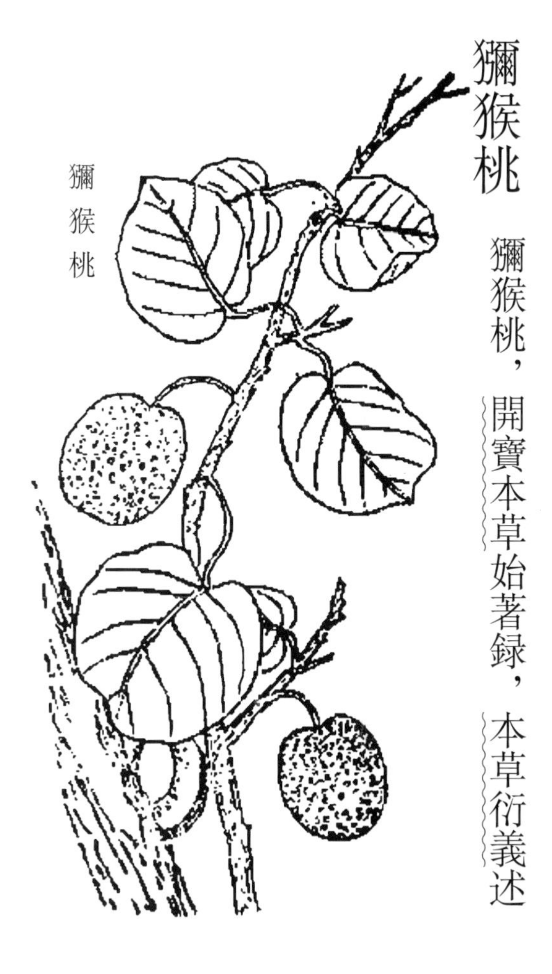

图 1–1 中国古籍中记载的猕猴桃

中国具有悠久的猕猴桃种植和利用历史。早在唐代，诗人岑参就在《太白东溪张老舍即事寄舍弟侄等》一诗中描述道："中庭井栏上，一架猕猴桃"，可见早在 1200 年前，我国就有野生猕猴桃栽种到庭院了。此外，在"本草"系类药典中记录了猕猴桃的形态特征、药用及食用等诸多用途：例如，《重修政和经史证类备用本草》[（政治和历史课中修订的植物群）（1108 年北宋期间撰写）] 描述猕猴桃生长在山谷中，藤蔓沿树生长，果实大小和形状如鸡蛋，经秋季的第一个霜冻之后食用；在《本草纲目》（公元 1590 年，明朝）中，李时珍描述猕猴桃"其形如梨，其色如桃，而猕猴喜食，故有诸名"。在清朝，吴其浚所著《植物名实图考》（1848 年）中记载：在江西、湖南、湖北和河南的山中有猕猴桃，山区农夫采摘贩卖给城镇居民食用。而距今几百年前，浙江黄岩县农户将野生猕猴桃移到他们的堂前屋后种植（崔致学，1981；Qian，1991），现仍有树龄超过 100 年的猕猴桃植株（朱鸿云，1983）。然而，古代猕猴桃栽种只是偶然而零星的尝试，直到 1978 年全国猕猴桃资源普查时，中国的猕猴桃人工栽培面积仍不足 1 公顷（崔致学，1981）。

相较中国悠久的应用历史，古代其他国家对猕猴桃人工栽培及利用稀少，仅在韩国和日本作为观赏用途有零星栽植和果实采集记录。例如，在韩国汉城昌德宫（Changduk Palance）的花园中有软枣猕猴桃古树（*A. arguta*），早期有插图的报告（Ito and Kaku，1883）描述了日本东京植物园的软枣猕猴桃等。除此之外，现有的典籍只表明日本

和韩国有从野生植株采收果实的记载 (Ito and Kaku，1883；Georgeson，1891；Batchelor and Miyabe，1893)，未见大规模种植及利用的记载。

二、世界猕猴桃产业的发源及简史

与中国悠久的猕猴桃应用历史相比，世界猕猴桃产业起源仅开始于 20 世纪初。1904 年，新西兰女教师伊莎贝尔・弗雷瑟 (Isabel Fraser) 从湖北宜昌将一小袋猕猴桃种子带到新西兰，苗圃商人亚历山大・艾利森 (Alexander Allison) 经辗转多次，获得这批种子并培育成树苗。目前，占全球栽培面积 80% 以上的'海沃德' (Hayward) 品种及仍然广泛栽培的'布鲁诺' (Bruno) 和其他早期品种如'艾利森' (Allison) 等均选自于这一小袋种子 (Ferguson et al.，1990)。可以说世界猕猴桃产业正是源自中国宜昌的猕猴桃资源得以发展起来。

与其他果树上千年驯化起源、扩散、栽培的发展历史不同，猕猴桃的驯化、栽培历史很短，其产业发展脉络清楚，大致可分为几个主要阶段。初始阶段为 20 世纪初至 20 世纪 50 年代：在新西兰，猕猴桃历经嫁接苗的规范生产及商品化(1922 ~ 1926 年)、商品猕猴桃果园的建立(1930 年)、规模化猕猴桃果品生产 (1930 ~ 1940 年) 及猕猴桃商业化品牌的建立 (1959 年)，到 20 世纪 50 年代末猕猴桃产业已具雏形。新西兰人为开拓美国市场，开始采用以新西兰人象征意义的基维鸟 (Kiwi，夜行鸟类，有棕褐色长茸毛，外形看起来呈椭圆状，近似猕猴桃) 命名猕猴桃为"基维果" (Kiwifruit) (国内根据音译又称"奇异果")，并以此替代西方人早期对猕猴桃的取名"中国醋栗" (Chinese gooseberry)；此后，以"基维果" (Kiwifruit) 命名的猕猴桃经新西兰大力推介，被西方市场广为接受，以致在很长时间内人们误认为猕猴桃这种特殊的新兴水果源于新西兰，在中国甚至误认为猕猴桃与"基维果" 为两种水果(图 1-2)。

20 世纪 50 ~ 70 年代是世界猕猴桃产业发展的规模商业化孕育阶段，猕猴桃栽培出现集约化、规模化及全球化的发展趋势 (图 1-3)。优良品种'海沃德' 的推出对猕猴桃规模化、产业化的起步起了决定性作用。'海沃德' 因其较高的品质和优良的耐储性，极大地满足了当时新西兰猕猴桃产业出口的需求，因而其栽培面积从 1968 年占栽培总面积的 50% 提高到 1973 年的 95%，1980 年进一步提高到 98.5%，从而形成了全球猕猴桃栽培生产单一品种的格局。通过对这个单一品种广泛种植的商业化过程，猕猴桃科研及果农相应地提高了猕猴桃生产技术水平，包括确立专业授粉品种并深化猕猴桃品种标准化种植技术。此后，新西兰果园迅速形成了商业化栽培和国际化市场销售链，制定了采收、包装、储运国际化标准，这为猕猴桃果品的国际化运销提供了有效的技术保障。新西兰的猕猴桃市场委员会 (The Kiwifruit Marketing Board) 也随着后来国际市场发展需要演变成为目前的 Zespri 国际营销公司 (Ferguson et al.，1990；Zespri，1997)。

从 20 世纪 70 年代开始，猕猴桃产业进入蓬勃发展阶段。迄今为止，全球猕猴桃栽培面积达到 16.6 万公顷 (249 万亩)，年产量达 201.4 万吨 (Belrose Inc.，2013) (表 1-1)。截至 2011 年，八个主要生产国家的面积分别为：中国 7.5 万公顷，意大利 2.8 万公顷，新西兰 1.35 万公顷，智利 1.45 万公顷，希腊 4700 公顷，法国 4600 公顷，日本

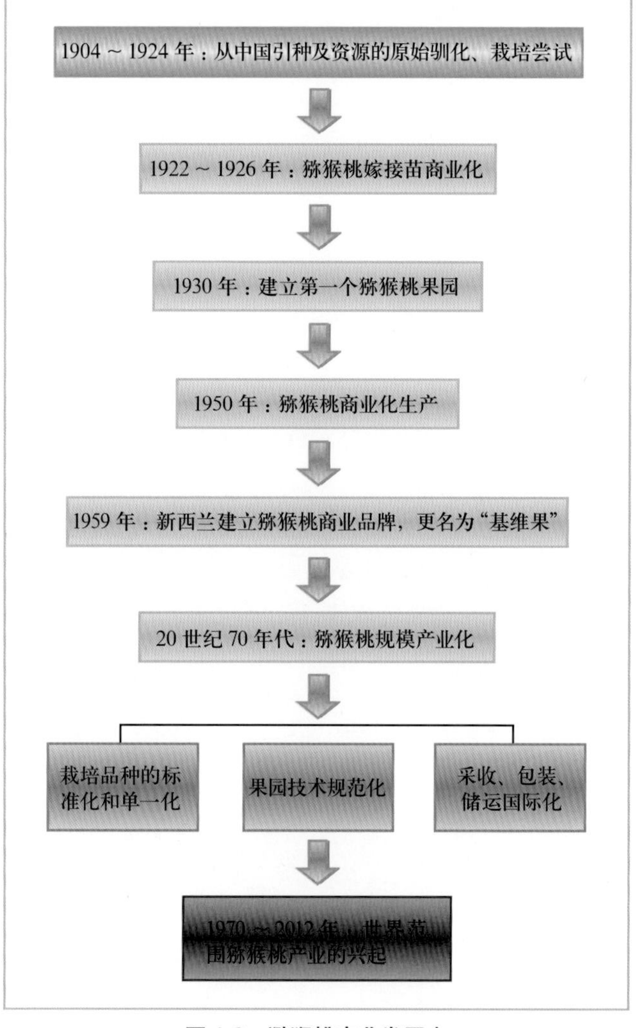

图 1-2　猕猴桃产业发展史

图 1-3 新西兰 20 世纪 50 年代发展的‘海沃德’果园

表 1–1 2000 ~ 2003 年和 2010 ~ 2013 年 10 个主要猕猴桃生产国的产量比较（Belrose Inc., 2013） （万吨）

国 家	2000 ~ 2003 年	排 序	2010 ~ 2013 年	排 序	增加比例（%）
中 国	16.33	3	63.00	1	+285.8
意大利	35.16	1	40.00	2	+13.77
新西兰	24.54	2	36.44	3	+48.49
智 利	12.62	4	23.20	4	+26.4
希 腊	5.62	6	13.39	5	+138.3
法 国	8.00	5	6.97	6	-12.87
伊 朗	2.08	9	3.11	7	+49.52
美 国	2.60	8	3.04	8	+16.92
日 本	4.20	7	2.92	9	-30.48
韩 国	1.38	10	-	-	-
土耳其	-	-	2.79	10	-
前 5 个国家总产量	96.64		176.02		+82.14
前 5 个国家总产量占世界总产量比例（%）	82.40		87.40		
前 10 个国家总产量	112.51		192.13		+70.77
前 10 个国家总产量占世界总产量比例（%）	96.00		95.40		
总 计	117.25		201.41		71.80

2800多公顷，美国1600公顷等（Belrose Inc., 2012）。据统计，2010～2013年10个主要生产国的猕猴桃产量与2000～2003年平均年产量相比增加了71.8%，充分体现了全球猕猴桃产量持续递增的趋势。

三、中国猕猴桃产业发展简史

中国现代猕猴桃资源研究及引种栽培尝试最早可以追溯到50多年前。中国科学院南京中山植物园于1955年最早开展了引种栽培及生物学特征研究的探索；1957年和1961年，中国科学院植物所分别从陕西秦岭太白山和河南伏牛山地区引种美味猕猴桃进行栽培实验和基本生物学研究，较为系统地研究了美味猕猴桃的形态、生长发育、繁殖生物学等特征，获得了一些重要科研基础数据，并陆续进行了30多年种子育苗、嫩枝扦插、芽接及高接改造等应用技术的田间实验，为早期人工栽培猕猴桃尝试积累了宝贵的经验。相同时期，还有武汉植物园、庐山植物园、杭州植物园和西北农学院等单位自发从事过少量的引种栽培试验（黄宏文，2009）。

中国对猕猴桃属植物资源较为系统的调查及研究开始于1978年8月，由农业部、中国农业科学院主持的全国猕猴桃科研协作座谈会在河南信阳召开，来自全国猕猴桃主要分布区的16个省（自治区、直辖市）的科研单位、大学、供销、轻工、生产部门的几十名科研及管理专家、学者参加了会议，中国科学院及全国供销合作总社的代表应邀参加会议并参与了科研及产业发展规划的制定。会议交流总结了1955年以来我国猕猴桃资源调查及引种栽培研究的情况，分析了国外猕猴桃科研及产业发展现状，制定了我国1978～1985年猕猴桃科研计划，明确提出了中国赶超世界猕猴桃科研及产业的发展方向，在猕猴桃资源调查和品种选育、育苗及果园栽培技术、储藏运销及猕猴桃加工产品等方面全面部署了科研攻关任务，并特别强调了中国丰富的猕猴桃资源优势对后续产业发展的重要作用以及猕猴桃医用保健功能的重要性。随后成立了由我国已故著名果树资源研究专家崔致学为总协调人的全国猕猴桃科研协作组，由此我国猕猴桃资源系统深入的研究全面展开。

经过30余年的发展，中国猕猴桃研究学者和企业家彻底改变了中国猕猴桃在全球科研和产业格局中的地位。从30年前猕猴桃属科研文献及信息的极度匮乏，到如今出自中国的猕猴桃科学论文和研究报告占据全球的1/4之多，中国猕猴桃科研经历了跨越式发展。尤其在猕猴桃属植物的基础生物学、系统分类、居群遗传、种群生态、资源地理等许多研究方向，中国已经成为世界公认的研究中心（Huang et al., 2007）。同样，中国在猕猴桃产业方面也取得了举世瞩目的成就，中国目前猕猴桃栽培面积超过7.6万公顷，占世界栽培总面积16.6万公顷的45.8%，远远超过了意大利、新西兰和智利；在全球猕猴桃201万吨的年产量中，我国年产量约68万吨，占33.8%（Belrose Inc., 2013），成为世界猕猴桃产业化面积及产量最大的国家。

中国猕猴桃产业发展的可贵之处还在于：我国猕猴桃科研工作者及企业家立足本土猕猴桃资源，发掘和选育出的一批具有自我知识产权的优良猕猴桃品种和品系并逐步取代早期引进栽培的新西兰猕猴桃品种。例如，具有自主知识产权的中华猕猴桃（*Actinidia chinensis* Planchon）新品种

图1-4　四川蒲江‘金艳’猕猴桃标准化栽培基地（此图由佳沃农业提供）

‘金桃’(*A. chinensis* ‘Jintao’)，通过国内外植物品种权保护并采用商业授权使用方式在欧洲及南美地区广泛栽培，有效地均衡了新西兰选育的‘Hort16A’试图再次控制全球黄肉猕猴桃品种生产的局面。此外，国内主栽品种‘红阳’、‘华优’、‘翠玉’、‘武植3号’等中华猕猴桃品种,‘秦美’、‘米良1号’、‘金魁’、‘徐香’、‘布鲁诺’、‘贵长’等美味猕猴桃 [*A. chinensis* var. *deliciosa* (A. Chevalier) A. Chevalier] 品种及近年新推出的种间杂交品种‘金艳’，已成为国内新的主栽品种。我国自主培育的新品种彻底改变了世界猕猴桃产业依赖新西兰品种——‘海沃德’的单一品种格局，推动了猕猴桃市场多样化和消费多元化，改善了全球猕猴桃产业的品种结构 (图1-4至图1-8)。

图1-5 四川蒲江‘金艳’猕猴桃果园

图1-7 陕西‘海沃德’猕猴桃果园

图1-6 陕西‘秦美’猕猴桃果园

图 1-8 意大利的‘金桃’商业果园

第二节 猕猴桃主要用途及经济价值

猕猴桃作为一种新兴水果，以其营养丰富、健康保健而闻名，是一种医食同源的食物。现代研究证实，猕猴桃果实中富含多种维生素、有机酸、猕猴桃碱、多糖及多种人体必需的氨基酸等。其根、茎、叶、花中富含多种生物活性成分，是传统的中药材，可清热利湿，解毒消肿，用于治疗肝炎、水肿、跌打损伤等。猕猴桃属植物的花颜色多样，花量多，气味芬芳，果形多样奇特，具有很高的观赏价值。因此，无论作为营养、医疗、保健果品，还是作为观赏及绿化的树种，猕猴桃属植物都具有很高的综合开发利用价值。

一、食用价值

猕猴桃果实富含营养，既可作为鲜果食用，又可制成加工食品。果实软熟后不仅风味酸甜适宜，香气浓郁，且富含糖、维生素和矿物质、蛋白质、氨基酸等多种营养成分；可溶性固形物含量 7% ~ 25%；总糖 4% ~ 14%（平均约 10%）；总酸 0.6% ~ 2.9%（平均约 1.6%）；含有谷氨酸、天门冬氨酸、精氨酸等 17 种氨基酸，还有维生素 C、维生素 B、维生素 E、类胡萝卜素、果胶、粗纤维、多种酶类、抗癌物质芦丁和钾、钙、镁、锰等多种矿质元素。

猕猴桃因其果实富含维生素 C 而被称为“水果之王”。如中华猕猴桃每 100 克鲜果含维生素 C 50 ~ 420 毫克，其平均值约为美国推荐的每日摄取量（U.S.RDA）的 2300%。与一般食物和果品相比，猕猴桃维生素 C 比柑橘高 5 ~ 10 倍，比苹果高 20 ~ 80 倍，比梨高 30 ~ 140 倍。其所含维生素 C 在人体内的利用率高达 94%，营养密度大于 57.5，几乎 2 倍于一个中等大小的橙子。人每天只要吃一个猕猴桃鲜果，便可满足人体对维生素 C 的需要（左长清，1996）。表 1-2 是中华猕猴桃与其他几种果品营养成分的比较。

猕猴桃果实中含有大量的膳食纤维及多种有益营养成分。猕猴桃含粗纤维平均为 1800 毫克 /100 克，大于麦片中的含量。每 140 克猕猴桃含纤维量相当于大多数谷类食品纤维量的 5 ~ 25 倍。王岸娜等（2008）从中华猕猴桃鲜果中分析出多酚化合物，经测定主要是黄烷醇、类黄酮和缩合单宁。

猕猴桃富含人体所需的多种矿质元素。猕猴桃果实中所含的钾略高于香蕉，远高于橙子。一只 15 厘米长的香蕉约含钾 370 毫克，一个 200 克的橙子含钾 270 ~ 310 毫克，而每 100 克猕猴桃平均含钾 185 ~ 576 毫克。同时，猕猴桃还含有丰富的钙，达 26 ~ 61 毫克 /100 克，高于几乎所

表 1-2 中华猕猴桃与其他果品的主要营养成分比较

类 别	种 类	维生素 C（毫克 /100 克）	可溶性固形物（%）	总糖（%）	可食部分（%）
栽培果品	猕猴桃	50 ~ 420	13 ~ 25	4.5 ~ 13.2	85 ~ 95
	橘 子	30	13	12	62
	广 柑	49	10	9	56
	榧 子	6	12	7	73
	菠 萝	24	11	8	53
	苹 果	5	19	15	81
	葡 萄	4	12	10	74
	梨	3	14	1.2	77
野生果品	枣	380	27	24	91
	山 楂	89	27	22	69
	野蔷薇果	42 ~ 1666	27.5 ~ 35	12	45
	醋 栗	580 ~ 800	28	3 ~ 5	-
	山葡萄	-	10 ~ 24	10 ~ 24	-

表 1-3 ‘海沃德’果实的主要成分

成 分	含 量	成 分	含 量
可食部分（%）	90 ~ 95	烟酸（毫克 /100 克）	0 ~ 0.5
能量值（卡 /100 克）	49 ~ 66	钙（毫克 /100 克）	16 ~ 51
水（%）	80 ~ 88	镁（毫克 /100 克）	10 ~ 32
蛋白质（%）	0.11 ~ 1.2	氮（毫克 /100 克）	93 ~ 163
脂 类（%）	0.07 ~ 0.9	磷（毫克 /100 克）	22 ~ 67
灰 分（%）	0.45 ~ 0.74	钾（毫克 /100 克）	185 ~ 576
纤 维（%）	1.1 ~ 3.3	铁（毫克 /100 克）	0.2 ~ 1.2
碳水化合物（%）	17.5	钠（毫克 /100 克）	2.8 ~ 4.7
可溶性固形物（%）	12 ~ 18	氯（毫克 /100 克）	39 ~ 65
可滴定酸（以柠檬酸计，%）	1.0 ~ 1.6	锰（毫克 /100 克）	0.07 ~ 2.3
pH 值	3.5 ~ 3.6	锌（毫克 /100 克）	0.08 ~ 0.32
维生素 C（毫克 /100 克）	80 ~ 120	硫（毫克 /100 克）	16
维生素 B_1（毫克 /100 克）	0.014 ~ 0.02	硼（毫克 /100 克）	0.2
维生素 A（毫克 /100 克）	175	铜（毫克 /100 克）	0.06 ~ 0.16
维生素 B_6（毫克 /100 克）	0.15	核黄素（毫克 /100 克）	0.01 ~ 0.05

有水果。而猕猴桃中钠的含量极少，低于 5%，对改善人们膳食中普遍存在的缺钙富钠的营养结构具有重要意义。表 1-3 是新西兰产‘海沃德’果实的营养成分分析结果。

二、药用价值

据《新华本草纲要》记载，猕猴桃治“烦热、消渴、消化不良，食欲不振，呕吐，黄疸，石淋，痔疮，烧烫伤”；《本草拾遗》记载猕猴桃“用于治病，调中下气，主骨接风，瘫痪不遂，长年白发……有特殊疗效”。现代研究表明，猕猴桃根、茎、叶、果中含有多种生理活性成分，具有抗肿瘤、抗突变、抗病毒、抗脂质过氧化、降血脂及提高免疫力等多种药理作用。

（一）抗肿瘤、抗突变作用

1. 根的作用

我国民间和中药临床上一直有用猕猴桃根茎等治疗肺癌和消化道肿瘤的案例，特别是大籽猕猴桃（猫人参）*A. macrosperma* C. F. Liang 和葛枣猕猴桃 *A. polygama* (Siebold and Zuccarini) Maximowicz。经现代药理研究证明，猕猴桃属植物很多类群的根如软枣猕猴桃、中华猕猴桃、山梨猕猴桃 *A. rufa* (Siebold and Zuccarini) Planchon ex Miquel、中越猕猴桃 *A. indochinensis* Merrill 均有一定的抗肿瘤和抗突变作用（钟振国等，2004，2005；张凤芬等，2005；曾振东等，2006），在民间更为常用。

2. 茎的作用

侯芳玉等（1995）研究了软枣猕猴桃茎中所含多糖（AASP）的抗感染和抗肿瘤作用，经体内和体外试验表明茎多糖具有抗感染、抗肿瘤增殖作用，还可增强小鼠对鼠伤寒杆菌的抵抗力，降低感染鼠伤寒的死亡率。体外抑菌试验证明，茎多糖抑制移植 S180 肿瘤细胞增殖作用，可能与机体免疫功能增强有关，可增强小鼠吞噬细胞的吞噬能力，提高 T、B 淋巴细胞对 ConA 及 LPS 的反应性，促进 IL-1 和 IL-2 产生。

3. 果实（汁）的作用

宋圃菊等从理论上和临床应用上系统地研究了中华猕猴桃汁对强致癌物 N- 亚硝基化合物合成的阻断作用，结果证明猕猴桃果汁能有效阻断 N- 亚硝基吗啉、亚硝胺、N- 亚硝酰胺以及 N- 亚硝基脯氨酸的合成，对 N- 亚硝基化合物所致的突变有明显的抑制作用（宋圃菊等，1984a，1984b，1987，1988；张联等，1987；徐国平等，1992）。卢丹等（2005）研究报道了中华猕猴桃果中的多糖 FP2 具有显著的抗肿瘤活性，对肉瘤 S180 肿瘤细胞的生长有明显的抑制作用，剂量 150 毫克 / 千克时，抑瘤率达到 54.2%。

（二）抗氧化作用

大量研究表明，中华猕猴桃果汁（唐筑灵等，1995；林延鹏等，2000）具有显著的抗氧化、抗衰老作用，能抑制 H_2O_2 所致膜脂质过氧化产物（MDA）含量的增加，健康妇女服用含有超氧化物歧化酶（SOD）的猕猴桃果汁后，红细胞与血清 MDA 含量显著降低，红细胞 MDA 与血清 MDA 含量呈显著正相关。

黄瑾等（2008）用小鼠试验，证实狗枣猕猴桃 *A. kolomikta* (Maximowicz and Ruprecht) Maximowicz 根的乙醇提取物具有增强组织清除氧自由基的功能及延缓衰老的作用，与衰老模型组比较，饲喂狗枣猕猴桃根提取物的小鼠红细胞 SOD 及肝总抗氧化能力显著增高。阎家麒等（1995）研究从中华猕猴桃根的乙醇提取物中分离的多糖（ACPS）对 O_2- 的清除能力与 SOD 相同，对 OH- 的清除能力略强于维生素 C 的 5%，因此表明中华猕猴桃多糖（ACPS）对 O_2- 和 OH- 自由基具有很强的清除能力，经统计学处理两种自由基对照组和实验组间有极显著差异。

（三）降酶保肝作用

大量的医学试验证明，美味猕猴桃根提取物对小鼠肝脏有保护作用，对清除自由基、抑制脂质过氧化反应、维持细胞质膜的正常结构、避免细胞的损害有很好的作用（白新鹏等，2006a，2006b；李丽等，2006）。向志钢等（2009）给小鼠饲喂猕猴桃果仁油，结果显示，果仁油中、高剂量组小鼠血清和肝组织中 TG 和 TC 含量均显著低于模型组，说明猕猴桃果仁油可调节脂肪代谢，减少脂质在肝内沉积，阻止由高脂饲料诱导的小鼠非酒精性脂肪肝炎（NAFLD）的形成。同时，肝组织病理变化结果显示，果仁油中、高剂量组小鼠肝组织脂肪变性程度较模型组明显减轻，表明猕猴桃果仁油对高脂饲料诱导的小鼠 NAFLD 具有显著的保护作用。因此，猕猴桃果仁油具有显著的调脂作用、很强的抗过氧化作用及抑制氧化应激等能力，减轻肝脏脂质代谢障碍引起的肝损伤，从而保护肝脏，其保护作用呈剂量依赖性。

（四）免疫调节

中华猕猴桃中含有多糖，是一种新的免疫调节剂，有很强的抗细菌感染作用。李淑华和侯芳玉等人研究狗枣猕猴桃根的寡糖（AKOS）和软枣猕猴桃茎的多糖对小鼠的免疫调节作用，表明这两种糖都是有效的免疫调节剂，对增强机体的免疫功能有特殊的功效（李淑华等，1990；侯芳玉等，1995）。医学实验证明，天然猕猴桃果汁具有抗脂质过氧化、降低血清和红细胞 MDA 含量的作用，同时还能提高这三种免疫球蛋白的含量；健康青年补充猕猴桃汁对大强度运动时机体免疫功能有良好的调节作用（林延鹏等，2000；李香华等，2003）。此外，猕猴桃果实含有肌醇，是一种天然糖醇类物质，是细胞内第二信使系统的一种前体，在细胞内对激素和神经的传导效应起调节作用，对防治抑郁症有效。

（五）保护心血管作用

现有研究表明，猕猴桃果实或种籽油具有降血脂作用。如薛美兰和郑子修等采用大鼠和家兔服用中华猕猴桃果实浓缩物或果汁试验，均表明动物服用果实浓缩物或果汁后有明显的降低血脂作用，能降低备血清中总胆固醇含量，而且其降脂活性随浓缩物剂量增加而增强，还可明显降低红细胞膜的 MDA 含量，减少膜脂的脂质过氧化损伤，但对红细胞膜的流动性未见明显的影响（郑子修等，1992；薛美兰等，2006）。

猕猴桃果仁油中主要是 α- 亚麻酸。α- 亚麻酸可以降低血液中的胆固醇和甘油三酯含量。研究证明，给大鼠饲以富含 α- 亚麻酸的植物油，其血清中总胆固醇、甘油三酯均显著低于喂食猪油组的大鼠，甘油三酯值还低于基础饲料组。因此表明猕猴桃果仁油具有调节血脂，延缓衰老的显著保健作用（欧阳辉等，2004）。

英国科学家 Jung K. A. 等人研究彩色猕猴桃 *A. deliciosa* var. *coloris* T. H. Lin and X. Y. Xiong 果实的水提取物和 70% 乙醇提取物均有保护心血管作用，该作用可能与其富含的抗氧化剂如维生素 C、胡萝卜素、多酚或黄酮类化合物有关（李华昌，2006）。

（六）其他药用作用

众多研究表明，猕猴桃果汁能明显缓解便秘，增强胃肠蠕动，促进排便功能，因此可以有效地预防和治疗便秘（李加兴等，2007；舒思洁等，1994）。猕猴桃果汁还具有促进排铅的作用（李加兴等，2006；刘秀英等，2005）。

猕猴桃富含叶黄素，叶黄素可在人的视网膜上积累，能阻止或缓解白内障的发展，有预防白内障的作用。猕猴桃还可以缓解疲劳，因猕猴桃中含有 5-M 色胺（血管收缩剂），对人体有镇静作用。

猕猴桃虽营养丰富，功效不凡，但却不能滥用，有一定的饮食禁忌。《开宝本草》称其“冷脾胃，动泻辟”。猕猴桃性寒，易伤脾阳而引起腹泻。故不宜多食，脾胃虚寒者应慎食，大便溏泻者不宜食用；先兆性流产、月经过多和尿频者忌食。

猕猴桃为富含维生素 C 的水果，而动物肝脏可使食物中所含的维生素 C 氧化，番茄中的维生素 C 酵酶、黄瓜中的维生素 C 分解酶均有破坏食物中维生素 C 的作用。故猕猴桃不宜与动物肝脏、番茄、黄瓜等食物一起食用。

三、其他经济价值

猕猴桃果实不仅可鲜食，还可加工制成各种食品。常见产品有猕猴桃果汁、猕猴桃果酒、猕猴桃果醋、猕猴桃酱、猕猴桃罐头、猕猴桃果脯、猕猴果仁油（果王素）、猕猴桃化妆品（猕猴桃去斑油）等，还有半成品浓缩果汁、原果汁、冷冻果片、猕猴桃粉等（图 1-9）。

此外，猕猴桃加工过程中的废料如猕猴桃籽粕、皮渣等还可以进一步利用，可提取粗蛋白质、果胶和膳食纤维，为社会提供更多的保健产品，同时又充分利用资源（吴惠芳等，1989；吴标等，2007；周跃勇等，2007；潘曼等，2009）。

猕猴桃属植物生长旺盛，覆盖力强，花果色泽鲜艳，香气浓郁，嫩枝幼叶婀娜多姿，适于园林绿化，宜栽植于花架、围墙、走廊和庭院。春季花期颜色多样，香气四溢，沁人心脾，夏秋季绿叶浓荫，果实累累，是不可多得的赏食兼用的攀缘植物，也是园林中用于营造田园风光的极好植物(图 1-10)。特别是最近选育的观赏品种如‘满天星’、‘江山娇’ 和‘超红’ 等，一年多次开花，花色更深，可作廊架荫棚或围篱用。

此外，猕猴桃的茎皮和髓中富含优质的胶液、胶质，茎皮中水溶性胶液，黏性强，可作为造纸、建筑的粘结剂，也可用作蜡纸和宣纸制造业的胶料。

图 1-9　新西兰常见的猕猴桃加工产品

图 1-10　猕猴桃花的观赏性（一）

图 1-10　猕猴桃花的观赏性（二）

第二章

猕猴桃属植物分类及特征

猕猴桃隶属猕猴桃科(Actinidiaceae) 猕猴桃属(*Actinidia* Lindl.)。按最近的分类修订结果，该属有54种、21个变种，共计75个分类单元 (Li et al., 2007)。猕猴桃属物种分布广泛，不同物种在不同的地理环境及生境条件下趋异分布。种间形态多样，尤其是果实等重要的园艺性状变异更为丰富。作为一种重要的经济果树，本章将对猕猴桃属物种的分类、自然分布及猕猴桃属果实的主要性状进行描述。同时，针对目前商业栽培利用最主要的物种——中华猕猴桃、美味猕猴桃，从根、芽、叶、花、果等形态性状及营养价值进行详细描述，以简要阐明猕猴桃植物的基本特征。

第一节 猕猴桃属植物分类及分布特点

一、猕猴桃属分类

猕猴桃科（Actinidiaceae）包括猕猴桃属（*Actinidia* Lindl.）、水冬哥属（*Saurauia* Willdenow）和藤山柳属 *Clematoclethra* (Franchet) Maximowicz；为乔木，灌木或木质藤本；单叶，互生，具短或长叶柄，无托叶；花两性，单性，杂性或为功能上的雌雄异株，通常簇生成束，或为聚伞花序或圆锥花序；果实为浆果或革质蒴果；种子无假种皮，通常胚大，胚乳丰富。猕猴桃科分布于亚洲和美洲，共约 357 种；中国具有 3 属和 66 种。猕猴桃属有 54 种、21 个变种，共计 75 个分类单元，其中中国就有 52 种，73 个分类单元。

猕猴桃属植物为木质藤本，攀缘生长。植株无毛或有毛，毛被为单毛或星状毛。髓片层状或实心。枝条有线型纵向皮孔。叶膜质、纸质或革质，叶柄长；叶脉羽状，多数侧脉间有明显的横脉，小脉网状；叶缘锯齿常细小，少全缘叶。雌雄异株，花单生或序生，花序为聚伞花序，有时为单花，生于叶腋或短枝下部，1 ~ 4 回分枝，苞片细小，1 ~ 3 片。萼片 5(或 4 ~ 6)，分离或基部合生。花瓣一般 5，有时 4，或者多于 5，覆瓦状排列；雄蕊多数，花药"丁"字着生，2 室，纵裂，基部叉开，无花盘；雄花子房退化，较小，花柱小；雌花子房明显、无毛或有毛，球形、柱形，有时瓶状，多室；胚珠多数，倒生，着生于中轴上，花柱数与心皮数相同 (15 ~ 30)，离生，极少基部稍微联合，通常外弯呈放射状，雌花中雄蕊退化。果为浆果，无毛或被毛，球形、卵形、椭圆形、圆柱形，果皮光滑或具斑点，果顶端偶尔有喙。种子多数，细小，扁卵形，褐色，种皮有网状洼点；胚乳肉质，丰富；胚长约为种子的一半，圆柱状，直，位于胚乳的中央，子叶短，胚根靠近种脐。

猕猴桃属植物形态变异丰富，其分类学历经 4 次修订，现分为 54 种、21 个变种，共计 75 个分类单元（Li et al., 2007，具体分类学修订见《猕猴桃属 分类 资源 驯化 栽培》）。其中具有较大利用价值的种类有中华猕猴桃、美味猕猴桃、毛花猕猴桃 *A. eriantha* Bentham、软枣猕猴桃、繁花猕猴桃 *A. persicina* R. H. Huang and S. M. Wang、长果猕猴桃 *A. longicarpa* R. G. Li and M. Y. Liang 和紫果猕猴桃 *A. arguta* var. *purpurea* (Rehder) C. F. Liang 等。目前以鲜食为目的而广泛栽培的商业种类为中华猕猴桃和美味猕猴桃，软枣猕猴桃和毛花猕猴桃有少量人工栽培。虽然分类学修订中的部分猕猴桃分类单元被归并或作为异名处理，但在园艺学中是重要种质资源且具有实际的应用价值，本书将此一并列入作为参考。猕猴桃属具体分类见表 2-1。

表 2-1 猕猴桃属植物分类

编号	物 种	种下分类单元	拉丁名	归并、异名处理的单元
		中 国		
1	软枣猕猴桃	软枣猕猴桃（原变种）	*A. arguta* (Siebold and Zuccarini) Planchon ex Miquel	紫果猕猴桃 *A.arguta* var. *purpurea* (Rehder) C. F. Liang、心叶猕猴桃 *A. arguta* var. *cordifolia* (Miquel) Bean
		陕西猕猴桃（变种）	*A. arguta* var. *giraldii* (Diels) Voroschilov	凸脉猕猴桃 *A. arguta* var. *nervosa* C. F. Liang、广西猕猴桃 *A. melanandra* var. *kwangsiensis* (H. L. Li) C. F. Liang

（续）

编号	物　种	种下分类单元	拉丁名	归并、异名处理的单元
2	硬齿猕猴桃	硬齿猕猴桃（原变种）	*A. callosa* Lindley	台湾猕猴桃 *A. callosa* var. *formosana* Finet and Gagnepain、毛枝秤花藤 *A. callosa* var. *pubiramula* C. Y. Wu
		尖叶猕猴桃（变种）	*A. callosa* var. *acuminata* C. F. Liang	
		毛叶硬齿猕猴桃（变种）	*A. callosa* var. *strigillosa* C. F. Liang	
		京梨猕猴桃（变种）	*A. callosa* var. *henryi* Maximowicz	驼齿猕猴桃 *A. callosa* var. *ephippioidea* C. F. Liang
		异色猕猴桃（变种）	*A. callosa* var. *discolor* C. F. Liang	梵净山猕猴桃 *A. fanjingshanensis* S. D. Shi and Q. B. Wang
3	城口猕猴桃	城口猕猴桃	A. *chengkouensis* C. Y. Chang	
4	中华猕猴桃	中华猕猴桃（原变种）	*A. chinensis* Planchon	井冈山猕猴桃 *A. chinensis* var. *jinggangshanensis* C.F.Liang and A.R.Ferguson、红肉猕猴桃 *A. chinensis* var. *chinensis* f. *rufopulpa* C.F.Liang and R. H. Huang、重瓣猕猴桃 *A. multipetaloides* H. Z. Jiang
		美味猕猴桃（变种）	*A. chinensis* var. *deliciosa* (A. Chevalier) A. Chevalier	彩色猕猴桃 *A. deliciosa* var. *coloris* T. H. Lin and X. Y. Xiong、绿果猕猴桃 *A. deliciosa* var. *chlorocarpa* C. F. Liang and A.R.Ferguson、长毛猕猴桃 *A. deliciosa* var. *longipila* C.F.Liang and A.R.Ferguson、硬毛猕猴桃 *A. chinensis* var. *hispida* C. F. Liang
		刺毛猕猴桃（变种）	*A. chinensis* var. *setosa* H. L. Li	
5	金花猕猴桃	金花猕猴桃	*A. chrysantha* C. F. Liang	
6	柱果猕猴桃	柱果猕猴桃	*A. cylindrica* C. F. Liang	钝叶猕猴桃 *A. cylindrica* f. *obtusifolia*
		网脉猕猴桃（变种）	*A. cylindrica* var. *reticulata* C. F. Liang	
7	毛花猕猴桃	毛花猕猴桃	*A. eriantha* Bentham	秃果毛花猕猴桃 *A. eriantha* var. *calvescens* C. F. Liang、棕毛毛花猕猴桃 *A. eriantha* var. *brunnea* C. F. Liang、白色毛花猕猴桃 *A. eriantha* f. *alba* C. F. Gan
8	粉毛猕猴桃	粉毛猕猴桃	*A. farinosa* C. F. Liang	

（续）

编号	物　种	种下分类单元	拉丁名	归并、异名处理的单元
9	簇花猕猴桃	簇花猕猴桃（原变种）	*A. fasciculoides* C. F. Liang	
		圆叶猕猴桃（变种）	*A. fasciculoides* var. *orbiculata* C. F. Liang	
		楔叶猕猴桃（变种）	*A. fasciculoides* var. *cuneata* C. F. Liang	
10	条叶猕猴桃	条叶猕猴桃	*A. fortunatii* Finet and Gagnepain	华南猕猴桃 *A. glaucophylla* F. Chun、耳叶猕猴桃 *A. glaucophylla* var. *asymmetrica* (F. Chun) C. F. Liang、团叶猕猴桃 *A. glaucophylla* var. *rotunda* C. F. Liang、纤小猕猴桃 *A. gracilis* C. F. Liang、粗叶猕猴桃 *A. glaucophylla* var. *robusta* C. F. Liang
11	黄毛猕猴桃	黄毛猕猴桃（原变种）	*A. fulvicoma* Hance	丝毛猕猴桃 *A. fulvicoma* f. *arachnoidea* C. F. Liang、绵毛猕猴桃 *A. fulvicoma* Hance var. *lanata* (Hemsley) C. F. Liang
		厚叶猕猴桃（变种）	*A. fulvicoma* var. *pachyphylla* (Dunn) H. L. Li	
		糙毛猕猴桃（变种）	*A. fulvicoma* var. *hirsuta* Finet and Gagnepain	
		灰毛猕猴桃（变种）	*A. fulvicoma* var. *cinerascens* (C. F. Liang) J. Q. Li and D. D. Soejarto	长叶柄猕猴桃 *A. cinerascens* var. *longipetiolata* C. F. Liang、菲叶猕猴桃 *A. cinerascens* var. *tenuifolia* C. F. Liang
12	粉叶猕猴桃	粉叶猕猴桃	*A. glauco-callosa* C. Y. Wu	
13	大花猕猴桃	大花猕猴桃	*A. grandiflora* C. F. Liang	
14	长叶猕猴桃	长叶猕猴桃	*A. hemsleyana* Dunn	粗齿猕猴桃 *A. hemsleyana* var. *kengiana* (F. P. Metcalf) C. F. Liang
15	蒙自猕猴桃	蒙自猕猴桃	*A. henryi* Dunn	肉叶猕猴桃 *A. carnosifolia* C. Y. Wu、奶果猕猴桃 *A. carnosifolia* var. *glaucescens* C. F. Liang、多齿猕猴桃 *A. henryi* var. *polyodonta* Handel-Mazzetti
16	全毛猕猴桃	全毛猕猴桃	*A. holotricha* Finet and Gagnepain	
17	湖北猕猴桃	湖北猕猴桃	*A. hubeiensis* H. M. Sun and R. H. Huang	
18	中越猕猴桃	中越猕猴桃（原变种）	*A. indochinensis* Merrill	黄花猕猴桃 *A. flavofloris* H. Z. Jiang
		卵圆叶猕猴桃（变种）	*A. indochinensis* var. *ovatifolia* R. G. Li & L. Mo	
19	狗枣猕猴桃	狗枣猕猴桃	*A. kolomikta* (Maximowicz and Ruprecht) Maximowicz	薄叶猕猴桃 *A. leptophylla* C. Y. Wu、海棠猕猴桃 *A. maloides* H. L. Li、心叶海棠猕猴桃 *A. maloides* f. *cordata* C. F. Liang

（续）

编号	物 种	种下分类单元	拉丁名	归并、异名处理的单元
20	滑叶猕猴桃	滑叶猕猴桃	*A. laevissima* C. F. Liang	江口猕猴桃 *A. jiangkouensis* S. D. Shi and Z. S. Zhang、小花猕猴桃 *A. laevissima* var. *floscula* S. D. Shi
21	小叶猕猴桃	小叶猕猴桃	*A. lanceolata* Dunn	
22	阔叶猕猴桃	阔叶猕猴桃（原变种）	*A. latifolia* (Gardner and Champion) Merrill	桂林猕猴桃 *A. guilinensis* C.F.Liang
		长绒猕猴桃（变种）	*A. latifolia* var. *mollis* (Dunn) Handel-Mazzetti	
23	两广猕猴桃	两广猕猴桃	*A. liangguangensis* C. F. Liang	
24	漓江猕猴桃	漓江猕猴桃	*A. lijiangensis* C. F. Liang and Y. X. Lu	
25	临桂猕猴桃	临桂猕猴桃	*A. linguiensis* R. G. Li and X. G. Wang	宛田猕猴桃 *A. wantianensis* R. G. Li and L. Mo
26	长果猕猴桃	长果猕猴桃	*A. longicarpa* R. G. Li and M. Y. Liang	红丝猕猴桃 *A. rubrafilmenta* R. G. Li and J. W. Li
27	大籽猕猴桃	大籽猕猴桃（原变种）	*A. macrosperma* C. F. Liang	
		梅叶猕猴桃（变种）	*A. macrosperma* var. *mumoides* C. F. Liang	
28	黑蕊猕猴桃	黑蕊猕猴桃（原变种）	*A. melanandra* Franchet	圆果猕猴桃 *A. globosa* C. F. Liang、垩叶猕猴桃 *A. melanandra* var. *cretacea* C. F. Liang、褪粉猕猴桃 *A. melanandra* var. *subconcolor* C. F. Liang、河南猕猴桃 *A. henanensis* C. F. Liang
		无髯猕猴桃（变种）	*A. melanandra* var. *glabrescens* C. F. Liang	
29	美丽猕猴桃	美丽猕猴桃	*A. melliana* Handel-Mazzetti	
30	倒卵叶猕猴桃	倒卵叶猕猴桃	*A. obovata* Chun ex C. F. Liang	
31	桃花猕猴桃	桃花猕猴桃	*A. persicina* R. G. Li and L. Mo	
32	贡山猕猴桃	贡山猕猴桃	*A. pilosula* (Finet and Gagnepain) Stapf ex Handel-Mazzetti	
33	葛枣猕猴桃	葛枣猕猴桃	*A. polygama* (Siebold and Zuccarini) Maximowicz	
34	融水猕猴桃	融水猕猴桃	*A. rongshuiensis* R. G. Li and X. G. Wang	
35	红茎猕猴桃	红茎猕猴桃（原变种）	*A. rubricaulis* Dunn	
		革叶猕猴桃（变种）	*A. rubricaulis* var. *coriacea* (Finet and Gagnepain) C. F. Liang	

（续）

编号	物　种	种下分类单元	拉丁名	归并、异名处理的单元
36	昭通猕猴桃	昭通猕猴桃	*A. rubus* H. Léveillé	
37	糙叶猕猴桃	糙叶猕猴桃（原变种）	*A. rudis* Dunn	沙巴猕猴桃 *A. petelotii* Diels
		光茎猕猴桃（变种）	*A. rudis* var. *glabricaulis* C. Y. Wu	
38	山梨猕猴桃	山梨猕猴桃	*A. rufa* (Siebold and Zuccarini) Planchon ex Miquel	
39	红毛猕猴桃	红毛猕猴桃（原变种）	*A. rufotricha* C.Y. Wu	
		密花猕猴桃（变种）	*A. rufotricha* var. *glomerata* C. F. Liang	
40	清风藤猕猴桃	清风藤猕猴桃	*A. sabiifolia* Dunn	
41	花楸猕猴桃	花楸猕猴桃	*A. sorbifolia* C. F. Liang	
42	星毛猕猴桃	星毛猕猴桃	*A. stellato-pilosa* C. Y. Chang	
43	安息香猕猴桃	安息香猕猴桃	*A. styracifolia* C. F. Liang	
44	栓叶猕猴桃	栓叶猕猴桃	*A. suberifolia* C.Y. Wu	
45	四萼猕猴桃	四萼猕猴桃	*A. tetramera* Maximowicz	巴东猕猴桃 *A. tetramera* var. *badongensis* C. F. Liang
46	毛蕊猕猴桃	毛蕊猕猴桃	*A. trichogyna* Franchet	
47	榆叶猕猴桃	榆叶猕猴桃	*A. ulmifolia* C. F. Liang	截叶猕猴桃 *A. truncatifolia* C. Y. Chang and P. S. Liu
48	伞花猕猴桃	伞花猕猴桃（原变种）	*A. umbelloides* C. F. Liang	
		扇叶猕猴桃（变种）	*A. umbelloides* var. *flabellifolia* C. F. Liang	
49	对萼猕猴桃	对萼猕猴桃	*A. valvata* Dunn	麻叶猕猴桃 *A. valvata* var. *boehmeriifolia* C. F. Liang、长柄对萼猕猴桃 *A. valvata* var. *longipedicellata* L. L. Yu
50	显脉猕猴桃	显脉猕猴桃	*A. venosa* Rehder	柔毛猕猴桃 *A. venosa* f. *pubescens* H. L. Li
51	葡萄叶猕猴桃	葡萄叶猕猴桃	*A. vitifolia* C. Y. Wu	
52	浙江猕猴桃	浙江猕猴桃	*A. zhejiangensis* C. F. Liang	繁花猕猴桃 *A. persicina* R. H. Huang and S. M. Wang
日本（特有）				
53	白背叶猕猴桃	白背叶猕猴桃	*A. hypoleuca* Nakai	
尼泊尔（特有）				
54	尼泊尔猕猴桃	尼泊尔猕猴桃	*A. strigosa* Hooker f. and Thomas	

注：表中列出 54 个种、21 个变种，共 75 个分类单元及其分类修订已作归并或异名处理的 49 个单元（引自：崔致学，1993 年；Li et al., 2007；黄宏文等，2012)。

二、猕猴桃属自然分布

猕猴桃属植物起源于中生代侏罗纪后期至第三纪中新世前期。经过自然演替及物种进化形成了以中国为中心，南起赤道（0°）、北至寒温带（北纬50°）的自然分布格局；其分布格局既属泛北极植物区系，又具有古热带植物区的组分，体现出中国众多特有属植物的典型特征：即以中国大陆为分布中心延伸至周边国家。中国作为猕猴桃属植物的原始起源中心（黄宏文，2009），拥有最丰富的猕猴桃物种及种质资源，20世纪80年代中华猕猴桃和美味猕猴桃的野生果实储量仍高达1500吨以上(崔志学,1993)(表2-2，图2-1，图2-2)。

根据猕猴桃属在中国地理上的分布格局，其自然分布从西南至东北可划分为6个主要区域：西南地区(云南、贵州、四川西部和南部、西藏)、华南地区（广东、海南、广西和湖南南部）、华中地区（湖北、四川东部、重庆、湖南西部、河南南部和西南部、甘肃南部，安徽和陕西南部）、华东

表2-2 中国各省（自治区、直辖市）猕猴桃物种天然分布及野生果实产量

省（自治区、直辖市）	天然分布的猕猴桃物种	果实产量（吨）
云 南	软枣猕猴桃、陕西猕猴桃、硬齿猕猴桃、尖叶猕猴桃、异色猕猴桃、京梨猕猴桃、毛叶硬齿猕猴桃、中华猕猴桃、美味猕猴桃、金花猕猴桃、毛花猕猴桃、簇花猕猴桃、楔叶猕猴桃、黄毛猕猴桃、糙毛猕猴桃、粉叶猕猴桃#、大花猕猴桃、蒙自猕猴桃、长叶猕猴桃、全毛猕猴桃#、中越猕猴桃、狗枣猕猴桃、滑叶猕猴桃、阔叶猕猴桃、长绒猕猴桃#、梅叶猕猴桃、黑蕊猕猴桃、无髯猕猴桃、倒卵叶猕猴桃、贡山猕猴桃#、葛枣猕猴桃、红茎猕猴桃、革叶猕猴桃、昭通猕猴桃、糙叶猕猴桃#、光茎猕猴桃#、红毛猕猴桃#、密花猕猴桃、花楸猕猴桃、栓叶猕猴桃#、四萼猕猴桃、伞花猕猴桃#、扇叶猕猴桃#、显脉猕猴桃和葡萄叶猕猴桃	1500 ～ 2100
贵 州	软枣猕猴桃、异色猕猴桃、京梨猕猴桃、毛叶硬齿猕猴桃、中华猕猴桃、美味猕猴桃、柱果猕猴桃、网脉猕猴桃、毛花猕猴桃、条叶猕猴桃、黄毛猕猴桃、糙毛猕猴桃、大花猕猴桃、蒙自猕猴桃、狗枣猕猴桃、滑叶猕猴桃、小叶猕猴桃、阔叶猕猴桃、黑蕊猕猴桃、无髯猕猴桃、倒卵叶猕猴桃、葛枣猕猴桃、红茎猕猴桃、革叶猕猴桃、密花猕猴桃、花楸猕猴桃和安息香猕猴桃	10000
四 川	软枣猕猴桃、陕西猕猴桃、硬齿猕猴桃、异色猕猴桃、京梨猕猴桃、城口猕猴桃、美味猕猴桃、大花猕猴桃、狗枣猕猴桃、阔叶猕猴桃、黑蕊猕猴桃、葛枣猕猴桃、革叶猕猴桃、昭通猕猴桃、花楸猕猴桃、四萼猕猴桃、毛蕊猕猴桃、榆叶猕猴桃#、显脉猕猴桃和葡萄叶猕猴桃	24318
西 藏	黄毛猕猴桃、灰毛猕猴桃、蒙自猕猴桃、狗枣猕猴桃、两广猕猴桃和显脉猕猴桃	-
广 东	硬齿猕猴桃、异色猕猴桃、京梨猕猴桃、中华猕猴桃、金花猕猴桃、毛花猕猴桃、粉毛猕猴桃、簇花猕猴桃、楔叶猕猴桃、条叶猕猴桃、黄毛猕猴桃、灰毛猕猴桃、糙毛猕猴桃、厚叶猕猴桃、蒙自猕猴桃、中越猕猴桃、小叶猕猴桃、阔叶猕猴桃、两广猕猴桃、大籽猕猴桃、美丽猕猴桃、革叶猕猴桃和对萼猕猴桃	1250
广 西	软枣猕猴桃、陕西猕猴桃、异色猕猴桃、京梨猕猴桃、毛叶硬齿猕猴桃、中华猕猴桃、美味猕猴桃、金花猕猴桃、柱果猕猴桃、网脉猕猴桃、毛花猕猴桃、粉毛猕猴桃、楔叶猕猴桃、圆叶猕猴桃#、条叶猕猴桃、黄毛猕猴桃、糙毛猕猴桃、蒙自猕猴桃、中越猕猴桃、卵圆叶猕猴桃#、阔叶猕猴桃、两广猕猴桃、漓江猕猴桃#、临桂猕猴桃#、长果猕猴桃#、黑蕊猕猴桃、美丽猕猴桃、革叶猕猴桃和密花猕猴桃	5000
海 南	美丽猕猴桃和阔叶猕猴桃	-
浙 江	软枣猕猴桃、硬齿猕猴桃、异色猕猴桃、京梨猕猴桃、中华猕猴桃、毛花猕猴桃、长叶猕猴桃、小叶猕猴桃、阔叶猕猴桃、大籽猕猴桃、梅叶猕猴桃、黑蕊猕猴桃、葛枣猕猴桃、对萼猕猴桃和浙江猕猴桃	5000

（续）

省（自治区、直辖市）	天然分布的猕猴桃物种	果实产量（吨）
江　西	软枣猕猴桃、异色猕猴桃、京梨猕猴桃、中华猕猴桃、美味猕猴桃、金花猕猴桃、毛花猕猴桃、黄毛猕猴桃、厚叶猕猴桃、长叶猕猴桃、小叶猕猴桃、阔叶猕猴桃、大籽猕猴桃、梅叶猕猴桃、黑蕊猕猴桃、美丽猕猴桃、革叶猕猴桃、清风藤猕猴桃、安息香猕猴桃、毛蕊猕猴桃、对萼猕猴桃和浙江猕猴桃	11122
江　苏	软枣猕猴桃、中华猕猴桃、对萼猕猴桃和梅叶猕猴桃	-
福　建	软枣猕猴桃、异色猕猴桃、京梨猕猴桃、毛叶硬齿猕猴桃、中华猕猴桃、金花猕猴桃、毛花猕猴桃、黄毛猕猴桃、厚叶猕猴桃、长叶猕猴桃、小叶猕猴桃、阔叶猕猴桃、黑蕊猕猴桃、葛枣猕猴桃、清风藤猕猴桃、安息香猕猴桃、对萼猕猴桃和浙江猕猴桃	3500
台　湾	硬齿猕猴桃、异色猕猴桃、刺毛猕猴桃#、阔叶猕猴桃和山梨猕猴桃	-
湖　北	软枣猕猴桃、陕西猕猴桃、京梨猕猴桃、城口猕猴桃、中华猕猴桃、美味猕猴桃、湖北猕猴桃#、狗枣猕猴桃、阔叶猕猴桃、大籽猕猴桃、黑蕊猕猴桃、葛枣猕猴桃、红茎猕猴桃、革叶猕猴桃、四萼猕猴桃、毛蕊猕猴桃和显脉猕猴桃	25500
重　庆	软枣猕猴桃、陕西猕猴桃、异色猕猴桃、京梨猕猴桃、城口猕猴桃、美味猕猴桃、狗枣猕猴桃、黑蕊猕猴桃、葛枣猕猴桃、革叶猕猴桃、星毛猕猴桃#、四萼猕猴桃、毛蕊猕猴桃和显脉猕猴桃	-
湖　南	软枣猕猴桃、陕西猕猴桃、硬齿猕猴桃、尖叶猕猴桃、异色猕猴桃、京梨猕猴桃、毛叶硬齿猕猴桃、中华猕猴桃、美味猕猴桃、金花猕猴桃、毛花猕猴桃、条叶猕猴桃、黄毛猕猴桃、糙毛猕猴桃、厚叶猕猴桃、灰毛猕猴桃、蒙自猕猴桃、狗枣猕猴桃、小叶猕猴桃、阔叶猕猴桃、两广猕猴桃、黑蕊猕猴桃、无髯猕猴桃、美丽猕猴桃、葛枣猕猴桃、红茎猕猴桃、革叶猕猴桃、清风藤猕猴桃、花楸猕猴桃、安息香猕猴桃、对萼猕猴桃和显脉猕猴桃	22890
安　徽	软枣猕猴桃、异色猕猴桃、中华猕猴桃、毛花猕猴桃、狗枣猕猴桃、小叶猕猴桃、大籽猕猴桃、梅叶猕猴桃、黑蕊猕猴桃、葛枣猕猴桃、革叶猕猴桃和对萼猕猴桃	8000
河　南	软枣猕猴桃、京梨猕猴桃、中华猕猴桃、美味猕猴桃、狗枣猕猴桃、黑蕊猕猴桃、葛枣猕猴桃、革叶猕猴桃、四萼猕猴桃和对萼猕猴桃	14280
陕　西	软枣猕猴桃、陕西猕猴桃、京梨猕猴桃、城口猕猴桃、中华猕猴桃、美味猕猴桃、狗枣猕猴桃、黑蕊猕猴桃、葛枣猕猴桃和四萼猕猴桃	22000
甘　肃	软枣猕猴桃、陕西猕猴桃、京梨猕猴桃、中华猕猴桃、狗枣猕猴桃、黑蕊猕猴桃、葛枣猕猴桃和四萼猕猴桃	2500
辽　宁	软枣猕猴桃、狗枣猕猴桃和葛枣猕猴桃	6000
吉　林	软枣猕猴桃、狗枣猕猴桃和葛枣猕猴桃	3000
黑龙江	软枣猕猴桃、狗枣猕猴桃和葛枣猕猴桃	-
河　北	软枣猕猴桃、狗枣猕猴桃和葛枣猕猴桃	3000
北　京	软枣猕猴桃、狗枣猕猴桃和葛枣猕猴桃	75
山　西	软枣猕猴桃和硬齿猕猴桃	-
山　东	软枣猕猴桃、狗枣猕猴桃和葛枣猕猴桃	-
天　津	软枣猕猴桃	-

#: 省级特有种，引自黄宏文（2009）。

图 2-1 野生猕猴桃树盘根错节

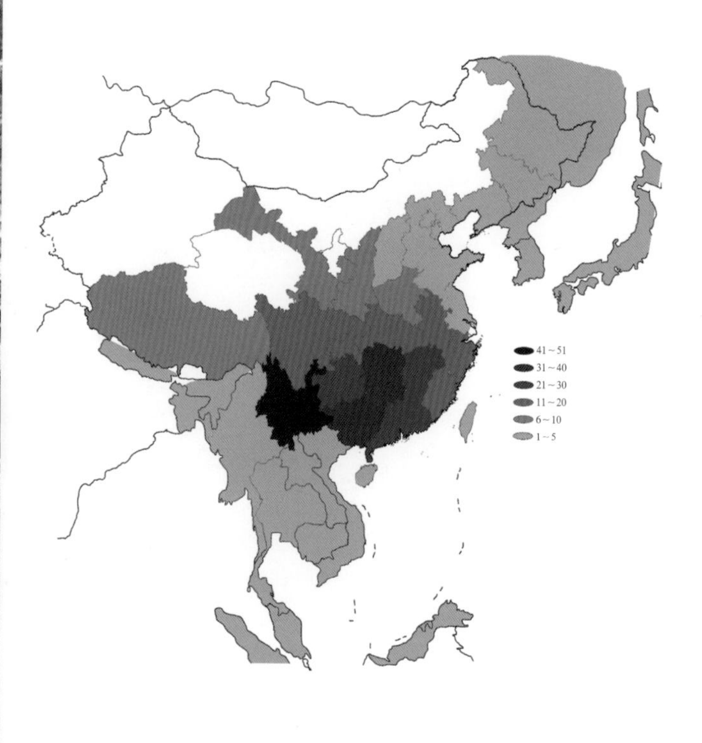

图 2-3 猕猴桃属的自然分布

注：不同颜色指示不同区域猕猴桃物种的丰富度

图 2-2 野生猕猴桃生境

和东南地区（江苏、浙江、江西、福建和台湾）、华北地区（河北、山东、山西、北京和天津）和东北地区（辽宁、吉林和黑龙江）。猕猴桃属植物在六个不同地理区系中的物种丰富度差异明显，其中，西南地区和华南地区是中国猕猴桃资源最丰富的地区。云南拥有 45 个物种，包括 10 个猕猴桃特有种；其次，广西和湖南是分别分布有 32 个种，广西拥有 7 个猕猴桃特有种。然而，在东北地区，猕猴桃类群分布则较少，例如黑龙江、吉林和辽宁只分布有软枣等少数几个猕猴桃类群。特别是在西北（内蒙古、宁夏、新疆）部分内陆省份，干燥、阴冷的气候并不适合猕猴桃属植物生长，此区域没有猕猴桃物种的分布（图 2-3）。

猕猴桃属植物不仅在不同地域分布迥异，其分布同样受到不同生境尤其是不同海拔梯度导致的温度和湿度变化等影响。对大部分猕猴桃分类单元的垂直分布进行调查发现（崔致学，1980，1993；崔致学和黄学森，1982；Cui et al., 2002），软枣猕猴桃、京梨猕猴桃、异色猕猴桃、黑蕊猕猴桃、狗枣猕猴桃、葛枣猕猴桃、革叶猕猴桃和四萼猕猴桃海拔垂直分布范围幅度较大；而在中国南部分布范围相对狭窄的猕猴桃种，其海拔分布范围也更狭窄，例如柱果猕猴桃、美丽猕猴桃和浙江猕猴桃分布范围有限，一般多集中分布在海拔 600 ~ 800 米的地区（图 2-4）。物种的垂直分布范围也并非固定的，在不同的区域因气候不同可能出现海拔分布差异化，例如在广西猫儿山的软枣猕猴桃，其分布主要集中在海拔 1500 米以上的区域，而在中国东北，软枣猕猴桃分布范围从海拔 600 米延伸到 2000 米，这主要由物种对不同海拔高度下气候条件的适应所决定。与此类似，在北纬 35°，美味猕猴桃在海拔约 1100 米的地区分布比较丰富，而在北纬 25°，美味猕猴桃却分布在海拔 2300 米以上的地区(Gao and Xie, 1990)。进一步分析发现，猕猴桃属不同物种间存在多种倍性小种，不同倍性小种在不同海拔梯度的分布存在不同，例如中华猕猴桃复合体中的二倍体、四倍体及六倍体小种从湖南东部山地到云贵高原，随着倍性增高在海拔梯度上呈现由低到高的连续分布(Li et al., 2010)，对日本不同地区软枣猕猴桃的调查同样发现，高倍体的软枣猕猴桃更能适应高海拔、低温等恶劣条件（Kataoka et al., 2010）。

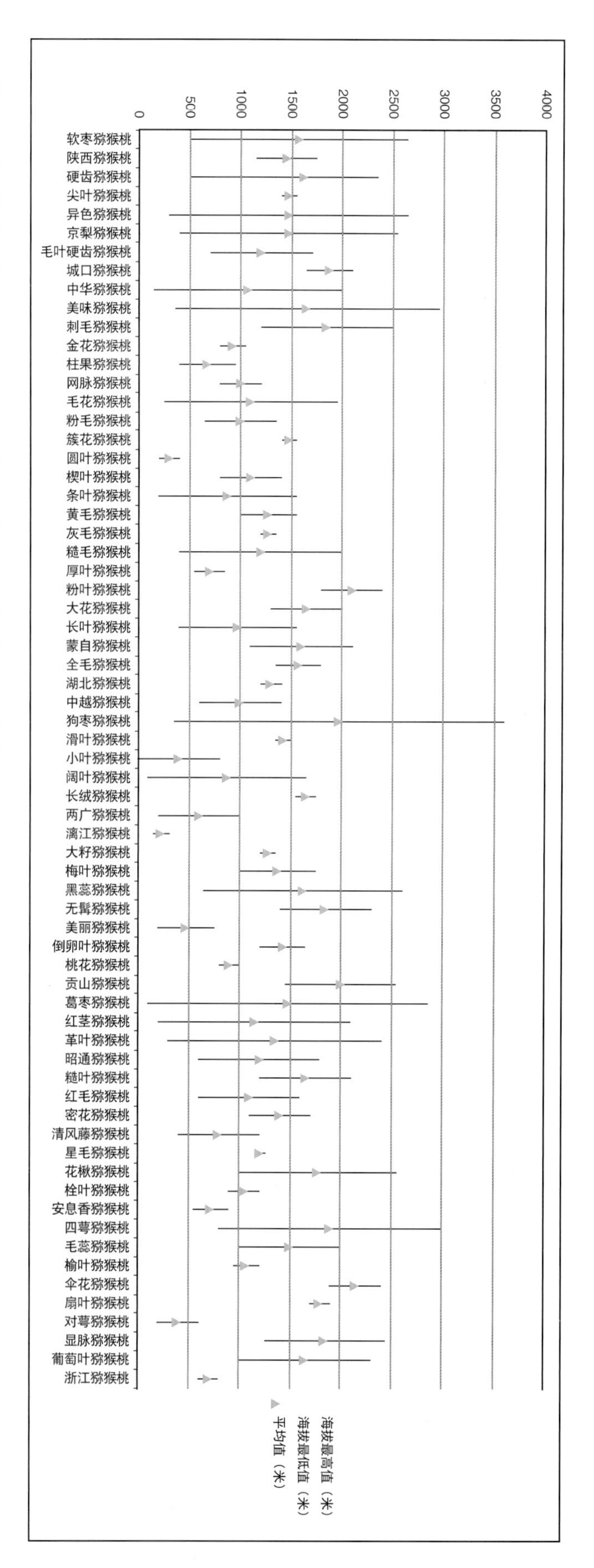

图 2-4　猕猴桃属植物的垂直分布

注：此分布图为物种在整个分布区的海拔分布梯度，物种在不同地域可能因区域气候不同其分布海拔范围出现差异。

第二节 猕猴桃属果实性状

一、果实表型性状

猕猴桃属不同物种的果实大小差异巨大。目前商品化的中华猕猴桃及美味猕猴桃果实最大，例如‘庐山香’等多倍体品种的单果重可以超过 100 克；除此之外，毛花猕猴桃、大花猕猴桃和刺毛猕猴桃等果实同样较大；而果实最小的红茎猕猴桃，平均单果重只有 0.8 ~ 1.0 克。猕猴桃果实大小差异不仅局限在物种间，同物种不同基因型单株之间差异同样显著，例如野生中华猕猴桃的单果重量只有商业化品种的十分之一 (黄宏文等，2000)。此外，果实大小差异与所处环境有关。野生植株因土壤养分及光照等环境因素影响，容易出现果实偏小且不均的现象，在栽培条件下，单株的果实大小取决于其生长条件、授粉情况及疏花疏果强度等因素。果实大小还与果实在果序中的多少及位置有关，如在同一花序中，主花的果实比侧花的果实大；单花果实比序花果实大；同一结果枝上，基部的果实通常比中上部果实小。

猕猴桃果实形状多样，有扁圆形、球形、近球形、长椭圆形、椭圆形、短圆柱形、圆柱形、卵圆形、倒卵形、长球形、卵状圆柱形、长圆柱形、长圆锥形、卵圆锥形和卵球形等多种形状。猕猴桃物种间果实形状差异明显，例如异色猕猴桃和红茎猕猴桃等呈长圆柱形，而葛枣猕猴桃果实呈长圆锥形。猕猴桃种内形状变异同样很大，大籽猕猴桃果实为卵圆形且形状相对稳定，而中华猕猴桃和美味猕猴桃果实形状迥异，包括扁圆形、椭圆形、圆柱形、卵圆形等，为猕猴桃品种的果型选择提供了丰富的多样性 (图 2-5 和表 2-3)。商品化的猕猴桃品种倾向于较为规整的形状，例如长圆柱形的‘金桃’比果喙明显向外突出的‘Hort16A’在生产储运过程中受到的损坏更少。目前，国际植物新品种保护联盟(UPOV) 制定的猕猴桃描述规范中，除猕猴桃果实形状变异外，还包括了果实横截面形状、果肩形状以及果柄处、果喙端形状等特征，用于区分不同品种的果实。具体指标见：http://www.upov.int/edocs/mdocs/upov/en/tc_edc_jan12/tg_98_7_proj_4.pdf。

猕猴桃的果实毛被曾用来作为区分猕猴桃物种的主要指标，是猕猴桃果实形态差异的一个显著性指标。从毛被颜色看，除毛花猕猴桃果皮被白色的毛被外，其他猕猴桃的果皮毛一般为黄褐色、姜黄色或红褐色。从毛被多少看，猕猴桃除净果组和斑果组物种果皮无毛外，而其他物种的果实都有不同程度的果皮毛，从光滑无毛到长硬毛呈现广泛而连续的变异。美味猕猴桃即为一个典型例子，美味猕猴桃的果皮毛主要为两种类型：一种是顶端细胞很长的锥形多列毛，另一种是尚处于果皮毛发展中期的单列短毛，两种毛通常混生，不同美味猕猴桃品种的毛被从茸毛 (如‘Downy’) 到刚毛 (如‘布鲁诺’) 再到硬毛 (如‘海沃德’)，也反映了美味猕猴桃两种不同类型毛的相对丰度以及长型毛的密度 (White，1986)。而另外的商业品种类型 ——中华猕猴桃的果实很多都具一

图 2-5 猕猴桃果实性状多样性

表 2-3　猕猴桃属果实性状变异

种名	果实形状	果实大小（克）	果皮颜色	果面毛被	果肉颜色	果心大小	种子状况	汁液多少	果实风味
软枣猕猴桃	卵球形、扁球形、长椭圆形、近球形	4 ~ 20	浅红色、紫红色	无毛、光滑	绿色、翠绿色	大	小而多	多汁	甜、微酸
硬齿猕猴桃	近球形、短圆柱形	8 ~ 9	绿色	无毛	翠绿色	小	-	多汁	甜酸适度
城口猕猴桃	近球形、圆柱形	10 ~ 35	褐色	褐色绒毛	-	-	-	-	-
中华猕猴桃	椭圆形	20 ~ 120	褐色	褐色短绒毛易脱落	绿色、黄色	小	较大而多	多汁	甜酸
金花猕猴桃	短圆柱形、卵圆形、长球形	10 ~ 30	栗褐色、褐绿色	无毛	绿色、淡绿色	中	大而多	多汁	甜酸
灰毛猕猴桃	卵状圆柱形	5 ~ 10	-	-	-	-	小	-	-
柱果猕猴桃	长圆柱形	0.5 ~ 1	深绿色	无毛	淡翠绿色	小	较小	-	-
美味猕猴桃	长圆柱形	30 ~ 200	褐绿色	密被黄褐糙毛	绿色	大	较大而多	多汁	甜酸
毛花猕猴桃	长圆柱形	10 ~ 40	绿色	密被白色长绒毛	翠绿色	小	少	多汁	酸
粉毛猕猴桃	卵状圆柱形	1 ~ 2	浅绿色	被短绒毛易脱落	绿色	中	少	少汁	酸甜
簇花猕猴桃	长圆柱形	-	深绿色	-	深绿色	-	小而多	-	-
条叶猕猴桃	长圆柱形	1 ~ 2	深绿色	黄色短绒毛	绿色	-	小而多	-	酸
黄毛猕猴桃	近圆柱形	3 ~ 4	深绿色	黄色长绒毛	-	-	-	-	-
粉叶猕猴桃	扁球形	10 ~ 15	绿色、红褐色	无毛	-	-	-	-	-
大花猕猴桃	圆柱形、椭圆形	20 ~ 60	褐色	灰白色或黄棕色茸毛	绿色	中	小而多	多汁	很酸
长叶猕猴桃	圆柱形	16 ~ 30	褐色	密被灰黄褐色刚毛	黄绿色或绿色		小而多	多汁	酸甜、浓香
蒙自猕猴桃	近圆柱形、长圆锥体	2 ~ 8	绿色	无毛但果点明显	绿色	-	多	-	稍酸、略麻
湖北猕猴桃	卵圆锥体	5 ~ 9	深绿	无毛但果点明显	深绿色	中	少	少汁	甜
中越猕猴桃	短椭圆形	6 ~ 8	褐色	无毛但果点明显	绿色、深绿色	-	多	多汁	酸甜
狗枣猕猴桃	长圆柱形或长球形	2 ~ 10	绿色、黄绿色	无毛、光滑	深绿色	小	小	多汁	甜酸、具香味
小叶猕猴桃	长圆柱形、球状卵圆形	1	浅褐色	无毛	深褐色	小	少	多汁	-
阔叶猕猴桃	圆柱形	2 ~ 4	褐绿色	无毛但果点明显	翠绿色	小	大而多	汁较多	-
两广猕猴桃	长圆柱形	1 ~ 4	绿色	粗糙短绒毛	深绿色	中	小而多	少汁	酸
漓江猕猴桃	圆柱形	20 ~ 35	绿色	密被褐色斑点	翠绿色	中	大	少汁	淡酸

（续）

种名	果实形状	果实大小（克）	果皮颜色	果面毛被	果肉颜色	果心大小	种子状况	汁液多少	果实风味
大籽猕猴桃	卵圆形、卵球形	15 ~ 25	橘黄色	无毛、光滑	橘黄色	小	大、约4 ~ 5厘米	少汁	辛辣、麻口
黑蕊猕猴桃	近圆柱形	10 ~ 20	褐色	无毛	绿色	-	大而少	-	-
美丽猕猴桃	圆柱形	1 ~ 4	浅绿色	有短而稀疏糙毛	绿色	中	-	少汁	酸
倒卵叶猕猴桃	圆柱形	8 ~ 23	褐绿色	密被棕色绒毛	浅绿色	小	少	多汁	味酸麻
贡山猕猴桃	球形	-	绿色	无毛	-	-	小	-	-
葛枣猕猴桃	近长扁圆柱形或扁椎体	5 ~ 9	绿色、黄绿色	无毛、光滑	杏黄色	大	少	多汁	涩、麻
红茎猕猴桃	长圆柱形	0.8 ~ 1	深绿色	-	-	-	-	-	-
昭通猕猴桃	近球形	4 ~ 9	绿色	无毛	翠绿色	-	小而多	少汁	味淡微酸
糙叶猕猴桃	长圆柱形	1	绿色	无毛	绿色	小	多	少汁	很酸
红毛猕猴桃	卵圆形、圆柱形	10 ~ 19	-	-	-	-	-	-	-
清风藤猕猴桃	卵圆形	12 ~ 25	深绿色	无毛	-	-	大	-	-
刺毛猕猴桃	近球形、卵圆形	20 ~ 35	褐色	密被棕色长硬毛	-	-	-	-	-
花楸猕猴桃	长圆柱形	9 ~ 15	绿色	密被褐色绒毛且果点明显	-	-	-	-	-
安息香猕猴桃	圆柱形	2 ~ 4	绿色	具绿色果点	黄绿色	小	中	-	-
栓叶猕猴桃	近球形	10 ~ 20	褐色	被茶褐色绒毛	-	-	-	-	-
四萼猕猴桃	卵圆形、椭圆形	0.8 ~ 3	褐色	无毛	-	-	-	多汁	-
毛蕊猕猴桃	近球形、卵状长圆柱形	12 ~ 20	深绿色	无毛但果点明显	-	-	-	-	-
伞花猕猴桃	卵圆形、短椭圆形	10 ~ 20	绿色	稀被白色绒毛	-	-	小	-	-
对萼猕猴桃	卵圆形	7 ~ 12	橘黄色	无毛、光滑	-	-	-	-	辣
显脉猕猴桃	近卵圆形或短圆柱形	2 ~ 8	绿色	稀被浅褐色茸毛	绿色	-	大、多	少汁	很酸微麻
葡萄叶猕猴桃	短圆柱形	21 ~ 35	褐色	被棕色茸毛	浅绿色	大	少	-	酸、微麻
浙江猕猴桃	近球形	15 ~ 25	绿黄色	被银白色长毛	绿色	-	大、少	-	-

引自黄宏文等（2013）。主要数据来源：1980 ~ 1985 年各省猕猴桃资源调查报告；崔致学主编，1993，《中国猕猴桃》，济南，山东科学技术出版社；中国科学院武汉植物园猕猴桃研究中心的猕猴桃遗传资源数据库。

层与桃果实表面类似的果粉状绒毛，如‘金桃’的绒毛是由于它具有较少且较短的多列长毛和较多且致密的单列短毛。猕猴桃品种的果皮毛（如‘海沃德’的粗糙长果毛）长期以来被认为是一种缺陷，影响消费者的购买欲，但是这些果皮毛却可以保护生长发育期的果实免受机械损伤或者某些虫害。例如中华猕猴桃品种‘红阳’缺乏毛被保护，极易因果实摩擦导致果皮损伤。

猕猴桃的果皮颜色及可食性日益受到育种者的重视。猕猴桃果皮有浅绿色、深绿色、褐色和红褐色之分。商品化的猕猴桃品种，具有浅褐色或红褐色果皮比果皮略带绿色或深褐色的果实更受欢迎。猕猴桃育种方向之一是净果组猕猴桃果皮的颜色及直接可食用性，如净果组的软枣猕猴桃及其种下单元，其果皮在生成期光滑、无斑点、翠绿色，随着果实的成熟逐渐变为深紫色（如紫果猕猴桃）、黄色（如葛枣猕猴桃和四萼猕猴桃）、橙黄色（如大籽猕猴桃和对萼猕猴桃）、淡红色（如黑蕊猕猴桃和河南猕猴桃），这样成熟后的果实颜色呈现多样化且直接可食用，能给消费者很好的食用体验，但软枣系列的品系仍面临着耐贮性差及产量低等大规模商品化难题。除此之外，毛花猕猴桃和浙江猕猴桃等物种的果皮易剥皮的特性同样是选育方便食用猕猴桃品系的重要资源。利用软枣猕猴桃及毛花猕猴桃的果实特征来改善猕猴桃果皮颜色、食用性能的种间杂交育种研究已经在中国科学院武汉植物园等多个科研院所展开。

猕猴桃品种按果肉颜色可分为绿肉、黄肉及红肉品种，而猕猴桃果实在种内及不同种间存在着从绿色、黄色、橘黄色、红色到紫色的广泛颜色变异（图 2-6）。猕猴桃果肉颜色改变是由于叶绿素的降解而导致类胡萝卜素等颜色显露所形成的 (Hallett et al., 1995；Possingham et al., 1980)。例如葛枣猕猴桃、四萼猕猴桃、对萼猕猴桃的果实成熟时果肉颜色从绿色到橘黄色变化是由叶绿素的降解和大量叶绿体向有色体的转化所致。然而，猕猴桃中部分物种颜色的变化与叶绿素的降解和类胡萝卜素等其他颜色的增加并无直接关系 (McGhie et al., 2002；Montefiori et al., 2003)，例如大籽猕猴桃由绿色向橙黄色的颜色变化是由于果肉中类胡萝卜素含量的递增所造成的 (Montefiori et al., 2004)。在常见的品种中，美味猕猴桃品种的果肉为鲜艳的半透明翠绿色，是水果中非常独特的色泽，由叶绿素的颜色所致。而中华猕猴桃大多数品种的果肉颜色从淡黄色→金黄色→黄绿色→绿色产生丰富的变异。中华猕猴桃果实成熟时的果肉颜色取决于果肉中残留叶绿素的含量：由于果实成熟

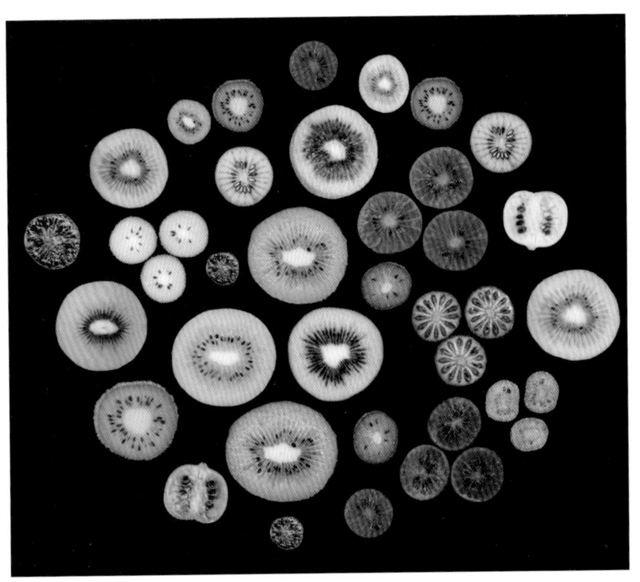

图 2-6 猕猴桃果肉颜色多样性

时间和成熟贮藏过程中叶绿素降解程度的差异，果实在达到食用成熟度时果肉颜色由绿色到黄色存在一系列的变异。中华猕猴桃中的红肉猕猴桃是个例外，花青素在果实呈色中起到重要作用，红肉猕猴桃在围绕果心部分有一圈红色，红色的深浅和分布取决于基因型和环境条件的差异，在比较温暖的地区，果实发育早期果肉显现红色，但到昼夜温差较小的盛夏其红色就逐渐褪去。例如，‘红阳’猕猴桃的红色在武汉夏季高温下完全褪去。因而，猕猴桃自然存在的多种颜色变化为猕猴桃育种者提供了选育不同果肉颜色系列品种的巨大空间和可行性。

二、果实风味

猕猴桃果实美味可口，但实际只有少部分猕猴桃种类可以直接食用。风味较好的品种包括软枣猕猴桃、中华猕猴桃、金花猕猴桃、狗枣猕猴桃和显脉猕猴桃，而大籽猕猴桃、葛枣猕猴桃的果实苦涩麻口或者辛辣。猕猴桃果实的风味在同一个物种中也不能一概而论，例如中华猕猴桃中一些株系 / 品系的果实可能平淡无味，甚至有青涩味道。已有研究对各种因子如干物质含量、成熟度、贮藏状况和果实硬度、贮藏时间、贮藏温度等对‘海沃德’果实风味口感以及消费偏好进行过评价 (Stec et al., 1989；Jaeger et al., 2003；Marsh et al., 2004)，结果表明：对于猕猴桃不同种的果实风味进行比较是相当困难的，尤其是同时比较不同的口味偏好。一般消费者认为，中华猕猴桃更甜，还带

有类似黑醋栗、甜瓜和棉花糖的香气；而美味猕猴桃口味稍酸、水果香味稍淡。但一些中华猕猴桃品种的果实、中华猕猴桃与美味猕猴桃杂交后代的果实，其风味更像美味猕猴桃。因此，猕猴桃属种间、种内的丰富多样性将使更多新的育种目标和产品多元化成为可能。

猕猴桃风味受到猕猴桃果实中的芳香气体成分、酯类、糖类、酸类种类和含量多少的直接影响。研究发现‘海沃德’果实中鉴定出了15种以上不同的芳香气体成分，其中有15种比较重要，典型的“猕猴桃”果实香气成分主要包括丁酸乙酯，(E)-2-己烯醛和一些C6醇类(Gilbert et al.，1996；Jordán et al.，2002)；而软枣猕猴桃的特殊香味则可能是由几种不同香气成分组成的混合体，尤其是产生香甜“水果味”的酯类。‘海沃德’果实中主要的糖为葡萄糖、果糖和蔗糖，主要的有机酸为柠檬酸、奎宁酸、苹果酸和抗坏血酸(Paterson et al.，1991)。果实所含有机酸的种类不同导致人们对其酸度的味感也会不同，抗坏血酸的增加可以增强人们对果实酸度和其他香气成分的感觉，而不同种类糖的组成一般不会对果实甜度产生影响(Marsh et al.，2004)。总体上说，果实的口感主要取决于糖酸比，部分中华猕猴桃酸度很低，尽管糖度比美味猕猴桃稍低但是品尝的味道会觉得更甜。猕猴桃果实还具有很高的营养价值，具体介绍见第一章第二节。

表2-4　猕猴桃属不同物种的营养成分

种　名	维生素C(毫克/100克)	可溶性固形物(%)	有机酸(%)	总糖(%)	氨基酸(%，W/W)
软枣猕猴桃 *A. arguta*	81 ~ 430	14 ~ 15	0.88 ~ 1.26	8.8 ~ 11	5.18
硬齿猕猴桃 *A. callosa* var. *callosa*	50	14	2.3	4.91	-
异色猕猴桃 *A. callosa* var. *discolor*	162	13	3.6	5.2	-
京梨猕猴桃 *A. callosa* var. *henryi*	9.0 ~ 17.0	11	1.0	7.4	-
城口猕猴桃 *A. chengkouensis*	44.0	-	2.4	3.30	-
中华猕猴桃 *A. chinensis*	50 ~ 420	7 ~ 19.2	0.9 ~ 2.2	4.5 ~ 11.5	3.2 ~ 5.8
美味猕猴桃 *A. chinensis* var. *deliciosa*	50 ~ 250	8 ~ 25	1.1 ~ 1.6	6.9 ~ 13.2	4.1 ~ 6.0
刺毛猕猴桃 *A. chinensis* var. *setosa*	79	10.5	1.3	7.1	-
金花猕猴桃 *A. chrysantha*	57 ~ 71.7	11	1.3	4.5 ~ 8.3	-
柱果猕猴桃 *A. cylindrica*	30 ~ 100	7 ~ 13.2	1.1 ~ 1.3	4.5 ~ 6.1	6.6
毛花猕猴桃 *A. eriantha*	500 ~ 1379	5 ~ 16	1.3 ~ 2.9	9.7	7.93
粉毛猕猴桃 *A. farinosa*	10 ~ 20	-	1.8	-	-
簇花猕猴桃 *A. fasciculoides*	7 ~ 8	-	0.3	-	-
黄毛猕猴桃 *A. fulvicoma*	30 ~ 117.8	9.5	1.0 ~ 1.4	2.6 ~ 5.3	-
灰毛猕猴桃 *A. fulvicoma* var. *cinerascens*	50 ~ 420	7.0 ~ 19	0.9 ~ 2.2	4.5 ~ 11.5	-
糙毛猕猴桃 *A. fulvicoma* var. *hirsuta*	157	10	1.0	2.6	-
大花猕猴桃 *A. grandiflora*	56 ~ 214	4 ~ 15	1.2 ~ 2.4	4.5	5.62
长叶猕猴桃 *A. hemsleyana*	12 ~ 80	8 ~ 10	0.8 ~ 1.7	5.1	-
蒙自猕猴桃 *A. henryi*	4.4	6	0.8	-	-
湖北猕猴桃 *A. hubeiensis*	51 ~ 60	14	1.2	8.5	2.04
中越猕猴桃 *A. indochinensis*	17 ~ 41.5	7 ~ 14	1.4 ~ 2.0	5.7 ~ 6.4	-
小叶猕猴桃 *A. lanceolata*	33	12	1.2	-	-
阔叶猕猴桃 *A. latifolia*	671 ~ 2140	10	1.1 ~ 1.9	3.14	6.10

（续）

种　名	维生素C（毫克/100克）	可溶性固形物（%）	有机酸（%）	总糖（%）	氨基酸（%，W/W）
两广猕猴桃 *A. liangguangensis*	10 ~ 56	7	1.0	2.2	-
漓江猕猴桃 *A. lijiangensis*	16 ~ 60	14	1.1	7.4	5.1
大籽猕猴桃 *A. macrosperma*	28.8	10	0.6 ~ 1	5.9	9.0
黑蕊猕猴桃 *A. melanandra*	203	14	0.9	7	8.9
美丽猕猴桃 *A. melliana*	45	8.5	2.5	1.5	-
桃花猕猴桃 *A. persicina*	314	14.5	1.6	5.4	4.2
葛枣猕猴桃 *A. polygama*	58 ~ 87	11 ~ 17	0.2 ~ 1.1	11.2	-
密花猕猴桃 *A. rufotricha* var. *glomerata*	42	6.5	1.2	2.2	-
红茎猕猴桃 *A. rubricaulis*	17 ~ 40	8	2.6	2.7	-
昭通猕猴桃 *A. rubus*	30	7	0.6	-	-
糙叶猕猴桃 *A. rudis*	5	5	1.0	-	-
清风藤猕猴桃 *A. sabiifolia*	68	12.4	1.0	3.1	-
花楸猕猴桃 *A. sorbifolia*	42	11	1.8	-	-
安息香猕猴桃 *A. styracifolia*	550 ~ 642	9 ~ 12.0	1.1	5.8	4.0
四萼猕猴桃 *A. tetramera*	107	11 ~ 15	0.2	7.8	-
对萼猕猴桃 *A. valvata*	62 ~ 92	8	0.2 ~ 1.4	3.3 ~ 6	4.65
浙江猕猴桃 *A. zhejiangensis*	289 ~ 562	10 ~ 12	1.4 ~ 1.7	6.4	-
繁花猕猴桃 *A. persicina*	200 ~ 350	9.4 ~ 13.8	7.0 ~ 8.0	1.5 ~ 2.0	-
贡山猕猴桃	20 ~ 50	11.1 ~ 15.0	-	-	-
江西猕猴桃	202.7	11.7	-	-	-
网脉猕猴桃	130~195	10.3~12.5	6.26	1.48	-

主要数据来源：中国科学院武汉植物园猕猴桃研究中心的猕猴桃遗传资源数据库；崔致学主编，1993，《中国猕猴桃》，山东科学技术出版社。

第三节　猕猴桃形态及生物学特征

猕猴桃属54个种的种间形态差异显著，而现阶段商品化栽培利用的种主要是中华猕猴桃原变种和美味猕猴桃变种，本节以中华猕猴桃为例概述猕猴桃的重要形态及生长发育特征。

一、形态特征

猕猴桃是多年生落叶藤本植物，在自然条件下，植株主要依靠长而细弱的一年生枝条攀缘于树木或其他物体上生长，树高可达5～7米或更高。在土壤瘠薄和缺少攀缘物时，猕猴桃能长成大型灌木状，冠幅可达7米左右。驯化栽培的猕猴桃枝条攀附于人工设立的支架上。猕猴桃进入结果期早，枝蔓的自然更新能力强，寿命长，可达百年以上。

1. 根

猕猴桃的根为肉质根，初为乳白色，后变浅褐色，老根外皮呈灰褐色或黄褐色、黑褐色，内层肉红色。一年生根的含水量高达 84% ~ 89%，含有淀粉。根的外皮层厚，常呈龟裂状剥落，根皮率 30% ~ 50%，幼苗的根皮率约 70% 左右。主根不发达，骨干根少，一般主根在侧根分生并旺盛生长后，即趋于缓慢生长，直至停止生长。侧根和发达的次生侧根形成簇生性侧根群，并间歇性替代生长，衰亡的根际痕迹呈节状，须根多，呈丛生性特征。

根系分布浅，一年生苗的根系深 20 ~ 30 厘米，水平分布 25 ~ 40 厘米；二年生苗根系深达 40 ~ 50 厘米，水平分布 60 ~ 100 厘米；三年生以上的根系骨干根开始明显粗壮，但并不向深处生长，而是水平发展。猕猴桃根系在土壤中分布的深浅与土壤类型有关，生长在黏性土壤和活土层较浅的土壤上，根系垂直分布浅，生长在较疏松或活土层较深的土壤上，根系分布较深。在野生条件下，根系多分布在 1 米以内的土层中，集中分布在 20 ~ 60 厘米深的范围内，其水平分布范围超过枝蔓生长的范围。在土层疏松、肥厚、湿润的地方，其根系庞大，细根稠密（崔致学，1993）。

2．芽

猕猴桃的芽苞有 3 ~ 5 层黄褐色毛状鳞片。通常 1 个叶腋间有 1 ~ 3 个芽，中间较大的芽为主芽，两侧为副芽呈潜伏状（图 2-7，图 2-8）。主芽易萌发长成新梢，副芽在通常情况下不易萌发，当主芽受损或枝条遭遇重剪，副芽则萌发生长（图 2-9，图 2-10）。有时主芽和副芽也同时萌发，长成新梢，即在同一节位上萌发 2 ~ 3 个新梢。主芽可分花芽和叶芽，幼苗和徒长枝上的芽多为叶芽，呈水平方向发育良好的结果枝的中、上部叶腋常萌发为花芽。花芽为混合芽，芽的萌发率因种类和品种而异，同时也因生长部位有异。据李顺望等（1983）对‘东山峰 79-09’嫁接树观察，上位芽萌发率可达 71%，而下位芽只有 20%，平生芽和斜生芽的萌发率分别为 28% 和 23%（崔致学，1993）。花芽比叶芽肥大饱满，萌发后先形成新梢，并在其中、下部的叶腋间形成花蕾，开花结果。当年形成的芽即可萌发成枝，但已开花结果部位的叶腋间的芽则很难再萌发，而成为盲芽。

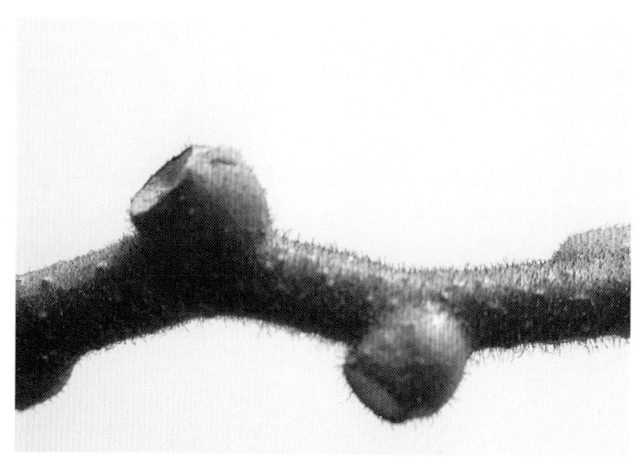

图 2-7　美味猕猴桃变种的冬芽

图 2-8　中华猕猴桃原变种的冬芽

图 2-9　美味猕猴桃冬芽萌动状

图 2-10　中华猕猴桃的嫩芽

不同种或品种芽的大小和形状均有差异，如美味猕猴桃的芽垫较中华猕猴桃的大，但芽的萌发口较小，这也是休眠期区别两者枝条或苗木的重要特征。

3．枝蔓

猕猴桃的枝属蔓性，枝蔓节间明显，通常有皮孔。新梢颜色以黄绿色或褐色为主，多具灰棕色或锈褐色表皮毛，其形态、长短、稀密、软硬和颜色等都是识别品种的重要特征（图 2-11）。多年生枝呈黑褐色，茸毛多已脱落。木质部有木射线，皮呈块状翘裂，易剥落。

枝蔓中心有髓，新梢的髓呈片层状，黄绿、褐绿或棕褐色。随着枝蔓的老熟，髓部变大，多呈圆形，髓片褐色。木质部组织疏松，导管大而多，韧皮部皮层薄。枝蔓的横切面有许多小孔，年轮不易辨认。

图 2-11　中华猕猴桃的新梢

图 2-12　中华猕猴桃的叶片

当年萌发的枝蔓，可分为营养枝和结果枝。

营养枝是指那些仅进行枝、叶器官的营养生长而不能开花结果的枝条。根据其生长势强弱可分为徒长枝、普通营养枝和衰弱枝。徒长枝多从枝条基部的潜伏芽萌发抽生而来，生长势强，组织不充实，年生长量大，一般为 3 ～ 6 米，节间长，芽较小。普通营养枝主要从幼龄树和强壮枝中部萌发，长势中等，长约 1 ～ 3 米，组织充实，芽饱满，这种枝条可成为次年的结果母枝。衰弱短枝是从树冠内部或下部枝上萌发而来的，生长势弱，枝条短小细弱，易自行枯死。

结果枝是指雌株上能开花结果的枝条，而雄株上开花的枝条称为花枝。一般着生在结果母枝的中、上部和短缩枝的上部。根据枝条的发育程度和长度，结果枝可分为徒长性结果枝（200 厘米以上）、长果枝（100 ～ 200 厘米）、中果枝（30 ～ 100 厘米）、短果枝（小于 30 厘米）。不同的种类或品种，其结果枝的类型不一样（崔致学，1993）。据调查，有的品种（系）主要以短缩结果枝和短果枝结果为主，一般可占全部结果枝的 50% ～ 70%，而有的品种（系）以长果枝结果为主。

4．叶

猕猴桃的叶为单叶互生，叶片大而较薄，膜质、纸质、厚纸质。西北大学生物系等曾对美味猕猴桃叶片解剖观察，角质层较薄，有 1 ～ 2 层栅栏组织细胞，海绵质叶肉为薄壁细胞，细胞间隙小，表皮细胞不规则，下表皮具小而不规则的气孔（崔致学，1993）。

叶片形状因种类的不同而有较大差异，有圆形、椭圆形、扁圆形、心形、倒卵形、卵形、扇形、披针形等。在同一枝条上叶片大小和形状也有不一，如中华猕猴桃枝条中部和基部的叶片在同一植株上也有明显差异。叶片先端急尖、渐尖、浑圆、平或凹陷等，叶基部呈圆形、楔形、心形、耳形等，叶缘多锯齿，有的锯齿大小相间，有的几近全缘。叶脉羽状，多数叶脉有明显横脉，小脉网状。叶柄有长有短，颜色有多种，绿色、紫红色或棕色，托叶常缺失。叶面为黄绿色、绿色或深绿色，幼叶有时呈红褐色，表面光滑或有毛被。叶背颜色较浅，表面光滑或有茸毛、粉毛、糙毛或硬毛等（图 2-12）。

5．花

猕猴桃是功能性的雌雄异株植物，即花分为雌花、雄花。从形态上看，雌花、雄花都是两性花，但由于雌花的花粉败育，

图 2-13 中华猕猴桃花的结构

雄花的子房退化，因而分别形成功能性的单性花。主要着生在第 2 ~ 5 节位上，占总花数的 81% ~ 94%。

不同种或品种的花其大小不同，美味猕猴桃变种的花径平均可达 4.5 厘米，中华猕猴桃约为 3 厘米。同一种类中雌花比雄花大。萼片一般为 5 枚，有的 2 ~ 4 枚，分离或基部合生。花瓣多为 5 ~ 7 枚，呈倒卵形或匙形，在刚开放时为乳白色，后变为淡黄色或黄褐色。雌蕊有上位子房，多室，胚珠多数着生在中轴胎座上，花柱分离，多数呈放射线状，花后宿存。雄花子房退化，花柱较短，雄蕊多数有"丁"字花药，纵裂，呈黄色或黑紫色。雌花中有短花丝和空瘪不孕的药囊（图 2-13）。

猕猴桃雌花多单生，少数聚伞花序，但种、品种之间有差异。中华猕猴桃的一些品种如'金桃'、'红阳'，美味猕猴桃的一些品种如'金魁'、'海沃德'等的花多为单花，而中华猕猴桃品种'武植 3 号'和'金丰'，美味猕猴桃品种'布鲁诺'和'蒙蒂'等的花多为聚伞花序。雄花多呈聚伞花序，极少数单生，每个花序 3 ~ 6 朵花。

6. 果

猕猴桃的果实为浆果，表皮被茸毛、硬刺毛或无毛。子房上位，由 34 或 35 个心皮构成，每一心皮具有 11 ~ 45 个胚珠。胚珠着生在中轴胎座上，一般形成两排，可食部分分为中果皮和胎座（图 2-14）。果实大小一般为 20 ~ 70 克，最大可达 200 克以上。果实表面有斑点，形状因种类和品种而不同，主要有椭圆形、长椭圆形、扁圆形、圆柱形、卵圆形等，果皮较薄，颜色有绿色、黄褐色、橙黄色等。果肉多为黄色、绿色，也有红色。果实软熟后，糖分增加，

图 2-14 中华猕猴桃果实切面（左：纵切面；右：横切面）

1 外果皮（心皮外壁）；2 中果皮；3 种子；4 中轴胎座；5 内果皮（心皮外壁）。

质地细软，有特殊香味，口感甜酸适度。

7. 种子

猕猴桃的种子很小，大部分种类的种子千粒重约为1.2～1.6克，最小的仅0.2克左右，最大的是大籽猕猴桃，千粒重为7.3克。种子长圆形，成熟新鲜的种子多为棕褐色或黑褐色，干燥的种子黄褐色，表面有条纹或龟纹（图2-15）。胚乳丰富，肉质，胚呈圆柱形、直立，子叶很短，种子含油量高，为22%～24%，最高可达36.5%。种子还含有15%～16%的蛋白质。

图2-15 美味猕猴桃种子

二、生长发育特征

（一）生长习性

1. 根系生长

根系的生长期较枝条长，如果温度适宜则全年生长，无明显休眠期。据华中农业大学对‘Abbott’品种的根系观察，当土壤温度为8℃时，根系开始活动，20.5℃时，根系进入生长高峰期，在29.5℃时，新根生长基本停止（崔致学，1993）。根系生长常和新梢生长交替进行，一般在新梢迅速生长的后期和果实发育后期，为根系生长的两个高峰期。根系多伤流，能产生不定根，具有很强的再生能力。如根部受伤后，在愈伤组织附近能萌发新根。

2. 枝蔓生长

猕猴桃枝蔓的年生长量与温度、湿度有关。中华猕猴桃在湖北武汉地区新梢全年生长期约为170天，分为3个时期：自展叶至落花约40天，为新梢生长前期，其主要消耗上年树体积累的营养，加之气温较低，因而生长缓慢，生长量占全年生长量的16%。随着温度的升高，叶面积增加，光合作用加强，枝梢生长速度逐渐加快，从果实开始膨大到8月上旬约70天时间，为枝梢的旺盛生长期。此期气温适宜，雨量较大，生长量约为全年的70%。从8月中旬至9月下旬，约60天时间，新梢生长缓慢，甚至基本停止生长，生长量约为全年的14%。枝条加粗生长高峰主要集中于前期，5月上中旬至下旬加粗生长形成第一次高峰期，至7月上旬又出现小的增粗高峰期，之后便趋于缓慢增粗，直至停止。

枝蔓具有如下特性：

① 有明显的背地性。背向地面的芽，抽发的枝条生长旺盛，与地面平行的芽抽发枝蔓生长中等，面向地面的芽抽发枝条生长衰弱，甚至不发芽。

② 具有逆时针旋转的缠绕性。当枝条生长到一定长度，因先端组织幼嫩不能直立，靠枝条先端的缠绕能力，随着生长自动地缠绕在其他物体上或互相缠绕在一起。值得注意的是猕猴桃虽属蔓生性植物，但并不是整个枝条都具有攀缘性，其生长初期都具有直立性，先端只是由于自重的增加而弯曲下垂，并不攀缘，旺盛生长的枝长或徒长枝在生长后期，由于营养不良，先端才出现攀缘性。

③ 枝蔓在生长后期顶端会自行枯死，即自枯或称为自剪现象。自剪期的早晚与枝梢生长状况密切相关，生长弱的枝条自剪早，生长势强健的枝条直到生长停止时才出现自剪，这种自枯还与光照不足有关。枝蔓自然更新能力很强，在树冠内部或营养不良部位生长的枝蔓，一般3～4年就会自行枯死，并被其下方提前抽出的强势枝逐步取代，如此不断继续下去，实现自然更新。

④ 萌芽。猕猴桃萌芽与气温有关，当春季气温上升到10℃左右时，开始萌动。湖北武汉地区，多在2月底至3月上中旬萌芽。芽的萌发率较低，一般为47%～54%，这有利于防止枝叶过密引起的内膛郁闭，也减少了管理上抹芽、疏枝的工作量。休眠芽萌发后大都能发育成为良好的结果枝。这一特性不同于其他果树，萌芽率低既可改善光照条件，促进当年丰产，又能有效调节树体的负荷，有利于稳产和延长结果年限。猕猴桃芽需要一定的低温量才能较好地萌发，据新西兰的研究，猕猴桃自然休眠在5～7℃低温下最有效，4～10℃低温也可以，低于0℃时作用不很理想。冬季经950～1000小时的4℃低温积累，就可以满足解除休眠的需要（张洁，1994）。猕猴桃品种间对冬季休眠需要的低温总量是不相同的，如‘海沃德’需要的低温总量比‘布

鲁诺’等品种高，因此‘海沃德’需要在冬季温度较低的地区种植，在较寒冷的地区种植其成花率比在冬季温和地区高，相应的产量也增加。

3. 叶片生长

芽鳞和叶苞仅有限生长，不久脱落，叶在枝上常呈 2/5 或 2/3 叶序生长。展叶以后，最初 30 天迅速增大，后生长减缓。叶片随枝条生长而生长，当枝条生长最快时，叶片生长也最迅速。在湖北武汉地区，中华猕猴桃品种‘金早’的叶片从展叶到基本定形约需 32 天，展叶后的 10 ~ 20 天为迅速生长期，此期叶面积已达总面积的 91.5%。叶片的大小取决于叶片在迅速生长期生长速率的大小，生长速率大则叶片大，否则就小。为了使叶面积加大，在叶片迅速生长期给予合理施肥灌水是必要的。在同一枝条上不同部位着生的叶片，由于营养状况以及温度、水分等环境条件的影响，大小差异明显，基部和上部的叶片较小，中部的最大。

（二）花发育习性

1. 花芽分化

猕猴桃花芽的生理分化在越冬前就已完成，而形态分化一般在春季与越冬芽的萌动相伴随。与其他果树不同的是，猕猴桃花芽形态分化的时期很短，从萌动至展叶前仅 20 多天。

猕猴桃的花或花序是在结果母枝的越冬芽内形成的，通常是下部节位的腋芽原基首先分化出花序原基，再进一步分化出顶花及侧花的花原基。当花原基形成以后，花的各部分便按照向心顺序，先外后内依次分化。按花芽的形态分化过程，可依次分为未分化期、花序原基分化期、花原基分化期、花萼原基分化期、花瓣原基分化期、雄蕊原基分化期、雌蕊原基分化期、花粉母细胞减数分裂及花粉粒的形成期。

①未分化期。未分化期的芽为叶芽，在显微切片解剖图上可看到中央有一短的芽轴，其顶端为生长点，四周为叶原基。幼叶即由叶原基发育而成，幼叶的叶腋间产生腋芽原基，在适宜的条件下，腋芽原基即分化成花。此期主要是花芽的生理分化过程，经历时间长。

②花序原基分化期。可分为前、中、后 3 期。前期腋芽原基的分生细胞不断分裂，腋芽原基膨大呈弧状突；中期腋芽原基进一步向上突起呈半球形；后期半球形突起伸长、增大，顶端由圆变为较平，形成花序原基。

③花原基分化期。随着花序原基的伸长，形成明显的轴，顶端的半球状突起分化为顶花原基，其下分化出 1 对苞片，在苞片的腋部出现侧花的花原基突起。

④花萼原基分化期。在侧花原基形成的同时，顶花原基增大，并首先分化出 1 轮（5 ~ 7 个）花萼原基突起，每一突起发育成 1 个萼片。

⑤花瓣原基分化期。当花萼原基伸长开始向心弯曲时，其内侧分化出与花萼原基互生的 1 轮（6 ~ 9 个）花瓣原基突起，每一突起发育成 1 个花瓣。

⑥雄蕊原基分化期。在花萼原基向上伸长向心弯曲覆盖花瓣原基时，花瓣原基内侧分化出两轮突起，每一突起为 1 个雄蕊原基。此时混合芽露绿后约 4 天。

⑦雌蕊原基分化期。当花萼原基向心弯曲伸长至两萼相交时，雄蕊原基内侧分化出许多突起，每一突起为 1 个心皮原基。此时混合芽即将展叶。

⑧花粉母细胞减数分裂及花粉粒的形成期。混合芽露绿后 22 天左右，雄蕊花药中的花粉母细胞开始减数分裂，随后形成花粉粒。大约 2 个星期后，花粉粒成熟，成熟后的花粉粒具有 3 条槽，上有发芽孔。

雌雄花的形态分化，在前期极为相似，直到雌蕊群出现，两者的形态发育才逐渐出现明显的差异。雌蕊群出现之后，雌花中的雌蕊发育极为迅速，柱头和花柱的下面形成 1 个膨大的子房，子房为数十枚心皮合生，呈辐射状排列，为典型的中轴胎座。在花柱及子房壁上覆被着许多纤细的绒毛。雄蕊的发育较缓慢，虽然也能形成花药，并且有花粉粒，但无发芽能力。雄花中也分化出雌蕊群，但发育缓慢，结构也不完全，花柱及柱头不发育，簇生白色茸毛，子房室内无胚珠，而雄蕊群却极为发达，发育很快，雄蕊上的花药几乎完全覆盖了退化的雌蕊群。

中华猕猴桃雄花为二歧聚伞花序，包括顶生花和侧生花，侧生花的形态发育与顶生花相似，仅分化时间稍迟，当顶生花的雄蕊原基出现时，其侧生花开始萼片原基分化。

2. 开花习性

猕猴桃的花从现蕾到开花需要 25 ~ 40 天。花枝开放时间雄花较长，为 5 ~ 8 天，雌花 3 ~ 5 天。全株开花时间，雌株 5 ~ 7 天，雄株 7 ~ 12 天。中国科学院武汉植物研究所选育的中华猕猴桃雄性品种‘磨山 4 号’的花期长达 15 ~ 20 天。花开放的时间多集中在早晨，一般在 7 时 30 分以前开放的花朵数量为全天开放的 77% 左右，11 时以后开放的花朵仅占 8% 左右。

开花顺序，从单株来看，向阳部位的花先开；同一枝条上，下部的花先开；同一花序，顶生花先开，两侧花后开。

单花开放的寿命与天气变化有关，在开花期内天晴、干燥风大、气温高，花的寿命短，反之，阴天、无风、气温低、湿度大时，开花时间长。

3．授粉与受精

猕猴桃为雌雄异株果树，雌花只有在授粉后才能结果。雄花产生的花粉可通过昆虫、风等自然媒体传到雌花柱头，也可人工采集花粉进行授粉。授粉效果除与环境有关外，更与花粉、柱头生命力强弱有关，须掌握好授粉恰当时期。雌花的受精能力以开放后的当天至第二天最强，3天后授粉结实率下降，5天以后就不能受精了。花粉的生活力与花龄有关，花前1～2天和花后4～5天，花粉都具有萌发力，但以花瓣微开时的萌发力最高，花粉生长快，有利于深入柱头进行受精。

雌花的柱头呈分裂状，分泌汁液，花粉落上柱头后，通过识别即开始萌发生长，花粉管经柱头通过珠孔进入胚囊后释放出精子，与胚囊中的卵细胞结合，形成受精卵。授粉的柱头变为黄色，而未授粉的仍保持白色。授粉后约7小时，花粉管向乳突壁下生长，约24小时后抵达花柱沟和花柱道的结合点，31小时到花柱基部。整个授粉、受精过程需要30～72小时，雌花受精后的形态表现为柱头授粉后第三天变色，第四天枯萎，花瓣萎蔫脱落，子房逐渐膨大。

（三）结果习性

果实生长发育是一个复杂的过程，果实的品质和产量除品种差异外，还与树龄、坐果期及果实发育期所处的环境条件有关。

1．结果年龄

中华猕猴桃进入结果期早，丰产性强。中华猕猴桃实生苗一般在2～3年开始开花结果，而美味猕猴桃实生苗有的2～3年开始开花结果，也有的需要4～6年。嫁接苗定植后第二年就可试果，4～5年后进入盛果期。一般株年产10～20千克，高的达100～150千克。

猕猴桃的更新能力强，结果寿命长。在野生状态下100多年生的中华猕猴桃仍然枝繁叶茂，生长健壮。如浙江黄岩大魏头村的一株100多年生的猕猴桃仍可年产果实100千克以上；湖南绥宁县安阳村的一株径粗12厘米的大树，年产果量达到500千克（黄宏文等，2001）。

2．坐果习性

猕猴桃成花容易，坐果率高，加之落果少，所以丰产性好。中华猕猴桃结果母枝可连续结果3～4年，结果母枝一般可萌发3～4个结果枝，发育良好的可萌发8～9个。结果枝大多从结果母枝的中、上部芽萌发，结果枝抽生节位的高低随结果母枝短截的程度而变化。中华猕猴桃通常以中、短果枝结果为主，结果枝通常能坐果2～5个，因品种而有差异，有的仅坐1～2个果，而丰产性能好的品种能坐6～8个果，主要着生在结果枝的第二至第六个节位。猕猴桃各类结果枝所占比例和结果能力与遗传特性和树体管理有关，种内类型之间也有差异。

生长中等或强壮的结果枝，可在结果当年形成花芽，成为次年的结果母枝；而较弱的结果枝，当年所结果实较小，也很难成为次年的结果母枝。对生长充实的徒长枝加以培养，如进行摘心或短截，可形成长枝性的结果母枝。充分利用徒长枝来结果，是高产、稳产中值得提倡的技术措施，这在其他果树上应用较少。由于猕猴桃结果的节位低，又可在各类枝条上开花结果，为其修剪与结果部位更新，以及整形和丰产稳产提供了有利条件。

单生花与序生花的坐果率，在授粉良好的情况下无明显差异。单生花在后期发育中，果型较大，而花序坐果越多，则果型越小，但在栽培条件良好、整树结果不多时，即使一花序坐果2～3个，也能结成较大的果实。一般来说，要获得较大的果实，在开花前应对花序进行疏蕾，保留中心花蕾。如果当年花期遇到不利的授粉天气，疏果程度要轻，或不疏果，且应在幼果坐住后疏除小幼果，这样比较稳妥，否则易造成减产，值得引起注意。

3．果实发育规律

猕猴桃从谢花到果实成熟需要120～200天，在此期间，果实大小和内含物不断发生变化。经中国科学院武汉植物园国家猕猴桃资源圃多年的试验研究表明，谢花后30～50天是果实体积和鲜重快速增长阶段，主要是细胞分裂增生和细胞增大，水分增加特别多，6月底至7月初，果实大小达到了成熟大小的80%左右，鲜重达到成熟时的70%～75%。果实中淀粉的积累则是从谢花后50天开始，至谢花后120（早熟品种）至145天（中晚熟品种）达到最大值，此时果实中淀粉含量远高于总糖和还原糖，说明这段时期果实中淀粉来源于叶片光合同化产物，以糖的形式转移至果实内，再合成淀粉贮存。以后，淀粉开始水解转化为糖，其含量迅速下降。而可溶性固形物和总糖含量在谢花后90天内趋于稳定，保持在5%以内，以后缓慢增加。当可溶性固形物含量达到6%～7%以后，可溶性固形物和糖含量迅速增加，与淀粉的变化相反。根据常温贮藏试验，糖和可溶性固形物迅速上升期是果实采收的最佳时期

（图 2-16 至图 2-18）。

整个生育期果实干重持续增加，特别在成熟后期，鲜重停止增长后，干重的百分比仍在迅速增加。说明这时期还有干物质不断往果实中运输，大量积累。此时是果实品质形成的重要阶段。

4．种子发育

种子数量多而小，位于胎座周围。种子长度的发育开始于受精之后，经过 60 天左右，此时珠心发育到最大程度，随后胚乳和珠心内层发育完全。与其他果树不同的是，当其胚乳和珠心迅速生长时，胚却仍停留在双细胞阶段。直

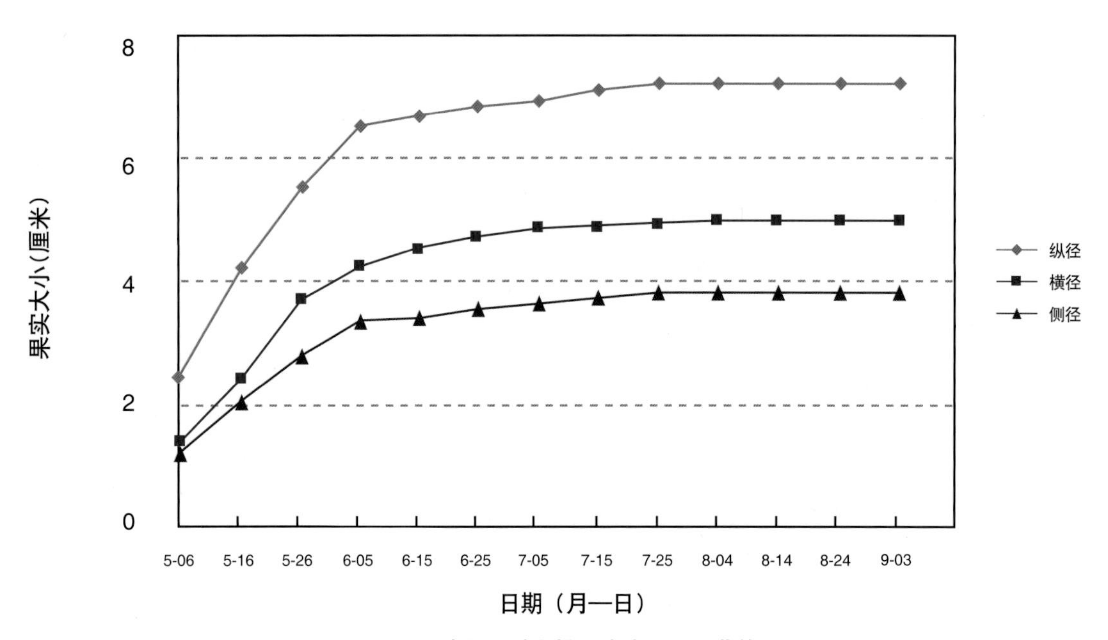

图 2-16 ‘丰悦’猕猴桃果实大小变化曲线图

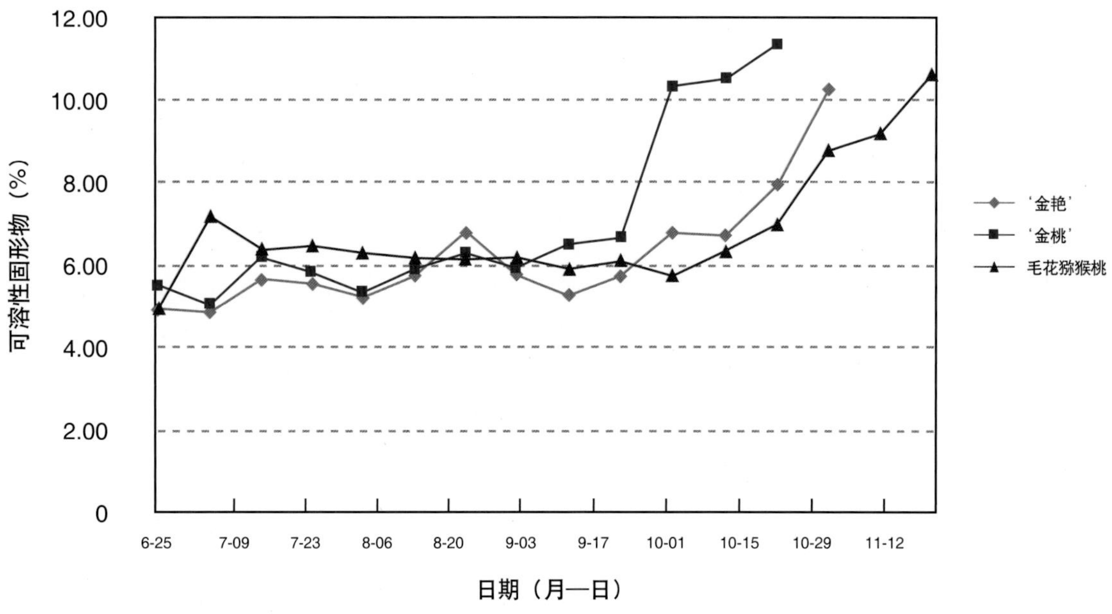

图 2-17 ‘金艳’、‘金桃’和毛花猕猴桃果实发育过程中可溶性固形物变化

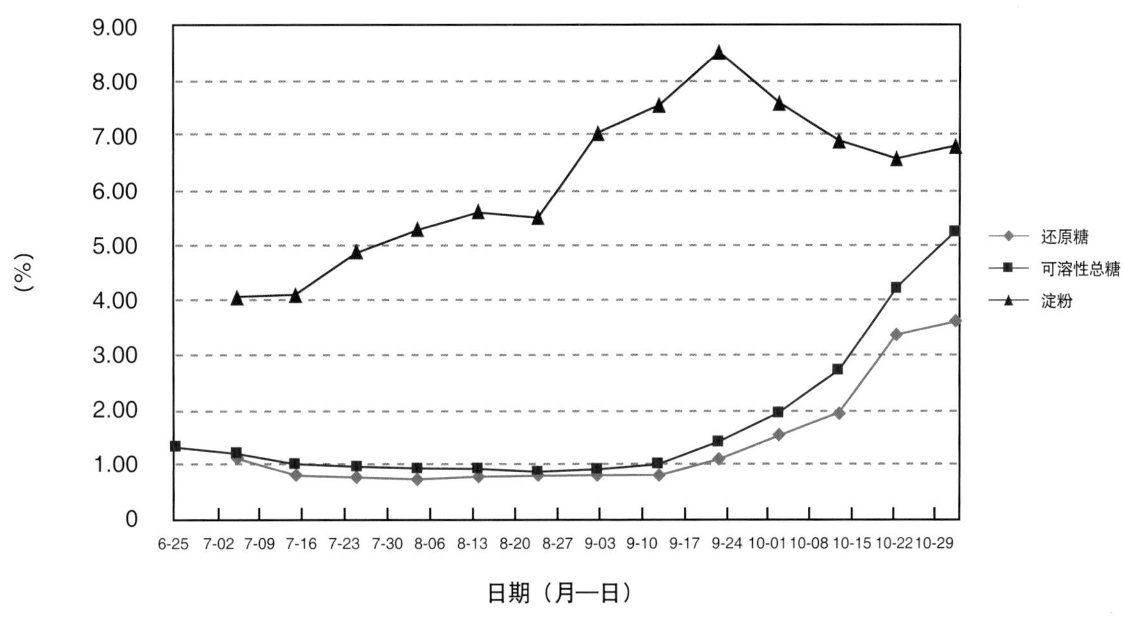

图 2-18 ‘金艳’果实发育中糖和淀粉变化曲线

到花后 60 天，双细胞的胚才进行分裂形成珠心胚，然后迅速发育。种子在果实的缓慢生长阶段逐渐充实，种皮渐硬，由白色转为淡褐色。

三、物候期

生长发育阶段与气温关系密切，例如当气温上升到 10℃左右时，美味猕猴桃树液开始流动，进入伤流期；此时幼芽开始萌动，15℃以上才能开花，20℃以上才能结果，当气温下降到 12℃左右时，进入落叶休眠期。整个生长发育过程约需 210 ~ 240 天（崔致学，1993）。由此可见，在美味猕猴桃生育期内，日温不能低于 10 ~ 12℃，否则其个体发育过程将受到影响。

在湖北武汉，2 月进入伤流期，3 月初或上旬萌芽，3 月中旬展叶，4 月中下旬开花，8 ~ 10 月果实成熟。在河南郑州，3 月上旬萌芽，4 月中下旬现蕾，4 月下旬至 5 月初开花，9 ~ 10 月下旬果实成熟。

第三章

猕猴桃属种质资源多样性

猕猴桃属植物种间、种内高度遗传差异及园艺性状多样性为育种和品种改良提供了丰富的遗传基础。例如，毛花猕猴桃和阔叶猕猴桃的维生素 C 含量为普通中华猕猴桃的 10 倍；大籽猕猴桃的抗逆性；山梨猕猴桃的结果性及耐贮性；软枣猕猴桃果皮可食性；紫果猕猴桃果肉颜色多样性等。本章节重点介绍栽培利用及具有重要遗传改良价值的猕猴桃物种(猕猴桃属其他物种资源详细资料可参阅黄宏文等著, 2013,《猕猴桃属：分类、资源、驯化、栽培》)。

第一节　中华猕猴桃

根据猕猴桃属最新修订结果，中华猕猴桃包括中华猕猴桃原变种、美味猕猴桃及刺毛猕猴桃两个变种。修订中归并取消分类地位，作为具有资源及育种价值的三个变种或变型，红肉猕猴桃、彩色猕猴桃和绿果猕猴桃因其园艺性状优异，从种质资源的角度，我们在此仍纳入其中详细介绍。

一、中华猕猴桃原变种 *Actinidia chinensis* Planchon

木质藤本植物，又名光阳桃、阳桃、米阳桃、藤梨子、羊桃梨、狐狸桃、布冬子。

雌花多为单花，少数为聚伞花序，有花 2 ~ 3 朵。萼片 5 ~ 6 裂，椭圆形或卵圆形，密被褐色短绒毛，长约 10 毫米，宽约 7 毫米。花冠直径约 4 厘米，花白色，开花后约一天变为黄色，花瓣 5 ~ 7 片，近圆形，长约 20 毫米，其上有放射状条纹。花丝白色至浅绿色，细，约 155 枚，长约 8 毫米。花药黄色，多为箭头状。花柱白色，约 30 枚，白色，长约 6 毫米，柱头稍膨大。子房扁圆球形，密被白色柔毛，直径约 8 毫米。花梗绿色，被褐色绒毛，长约 3.5 厘米。总花梗绿色，被褐色绒毛，长约 3 厘米（图 3-1）。

雄花为聚伞花序，每花序有花 2 ~ 3 朵，初开时白色，约一天后变为黄色。萼片 4 ~ 6 裂，以 5 ~ 6 片居多，黄绿色，长卵形，覆瓦状排列。花冠直径比雌花小些，约 2 ~ 3 厘米，花瓣多为 4 ~ 6 片，以 6 片居多，阔倒卵形，先端钝圆或微凹，边缘呈波浪状皱纹。花丝长短不一，约 40 ~ 47 枚。花药黄色，“丁”字形着生。子房退化，被褐色柔毛。花梗长约 3.6 厘米（图 3-1，图 3-2）。

果实有椭圆形、圆形、圆柱形等多种形状，果皮褐色、绿褐色、黄褐色等，被褐色短绒毛或极短绒毛，熟后易脱落，果皮光滑。梗端圆形，萼片宿存，果梗绿色，稀被浅黄色绒毛。果实平均果重约 20 ~ 120 克。果肉绿色、黄绿色、黄色或金黄色，果心白色，小，圆形。种子多，每果种子数约 400 粒，千粒重 1.31 克，紫红色，椭圆形，有凹陷龟纹（图 3-3，图 3-4）。

一年生枝灰绿褐色，无毛，稀被白粉易脱落，皮孔大且凸起，稀，圆形、椭圆形或线形，呈浅黄褐色，明显，节间长约 3 ~ 6 厘米。二年生枝为深褐色，无毛，皮孔凸起，圆形或椭圆形，黄褐色，髓片层状，绿色。叶厚纸质，扁圆形、

图 3-1　野生中华猕猴桃雌花

图 3-2　野生中华猕猴桃雄花

图 3-3　中华猕猴桃多样性

图 3-4　中华猕猴桃果实横切面

近圆形，间或扇形，长约 10 ~ 11 厘米，宽约 11 ~ 14 厘米，基部心形，两侧对称，先端圆形，小钝尖形或微凹陷。叶面暗绿无毛。叶缘基部无锯齿，中、上部亦甚小，呈尖刺状，褐色，外伸。主、侧脉绿色，无毛，不明显。叶背灰绿色，密被白色星状毛，主、侧脉白绿色，密被白色极短柔毛。侧脉每边 5 ~ 7 个，叶柄浅紫红绿色，无毛，长约 8.4 ~ 9.0 厘米，粗约 3 毫米。

二、美味猕猴桃变种 *Actinidia chinensis* var. *deliciosa*（A. Chevalier）A. Chevalier

木质落叶藤本植物，又名毛杨桃、木阳桃、藤鹅梨、毛鸟冬子、野羊桃、公羊桃、毛桃子、毛梨子、山羊桃，是中华猕猴桃的变种。

雌花单花，花冠直径约5.5厘米，花瓣6 ~ 7枚，6片居多，花白色，花后一天变为黄色至杏黄色，花甚香。花瓣倒卵形，长约 2.5 厘米，宽约 2 厘米，具纵条纹。花丝白色，细，约 142 枚，长约 8 毫米。花药黄色，箭头形。花柱白色，约 37 枚，长约 5 毫米，柱头稍膨大，白色。子房短圆柱形，直径约 6 毫米，被白色及浅褐色柔毛。萼片 6 裂，少数 5 裂，浅褐色，被浅褐色绒毛，卵圆形或椭圆形，长约 8 毫米，宽约 7 毫米。花梗绿色，被浅褐色绒毛，卵圆形或椭圆形，长约 4.0 厘米。花序着生于一年生枝的第 2 ~ 4 节。雄花为聚伞花序，每花序多 3 花，少数为 2 花，花开时白色，后变为黄色，花冠直径约为 4 厘米，花瓣多为 6 片，倒卵圆形，具纵条纹，长约 2 厘米，宽约 1.5 厘米。花丝白色，细，约 202 枚，长约 9 毫米，花药黄色，箭头状。子房退化，呈小锥体状，被浅褐色绒毛，萼片多 6 裂，浅褐色，

图 3-5　美味猕猴桃雌花

图 3-6　美味猕猴桃雄花

图 3-7 美味猕猴桃多样性

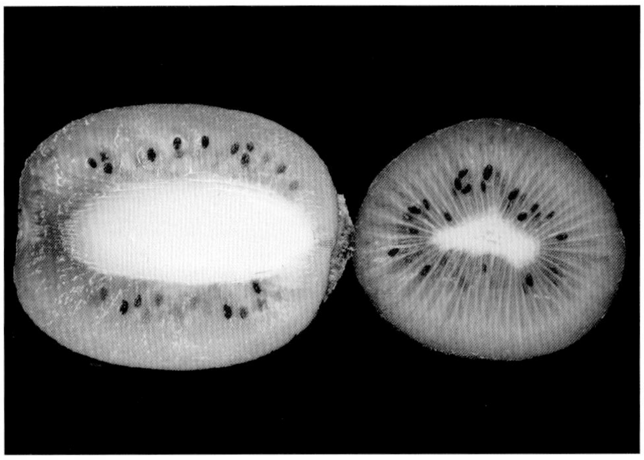

图 3-8 美味猕猴桃果实切面

被浅褐色绒毛，椭圆形或卵圆形，长约 6 毫米，宽约 5 毫米，花梗绿色，被浅褐色绒毛，长约 2.5 厘米。总花梗绿色，被浅褐色绒毛，长约 1.5 厘米（图 3-5，图 3-6）。

果实有长圆柱形、圆柱形、椭圆形、卵形等多种形状，被长而密的黄褐色糙毛，不易脱落。果皮褐绿色，果点淡褐绿色，椭圆形，中多。果顶凸起，近圆形，果顶窄于中部，萼片宿存。果柄深褐色，无毛，密布不甚明显的黄斑点。果柄粗，平均单果重约 30 ~ 200 克，果肉大部分是绿色至浅黄绿色，少量为黄色，果心大，种子多而较大，果实出籽率达 1.21%，种子千粒重 1.55 克，平均单果种子数 434 粒（图 3-7，图 3-8）。

一年生枝绿色，被短的灰褐色糙毛，新梢先端部分密被红褐色长糙毛。二年生枝红褐色，无毛；皮孔稀，白色，点状或椭圆状，节间长约 1.5 ~ 3.0 厘米，髓片层状，褐色。

叶纸质至厚纸质，近圆形、近长圆形，基部浅心形或近截形，较对称，先端圆形，或微凹陷，或小突尖，长约 8 ~ 12 厘米，宽约 5.5 ~ 12 厘米。叶面深绿色，无毛，主侧脉黄绿色，主脉稀被黄褐色短绒毛，被浅黄色绒毛，较粗，稀被褐色短绒毛，长约 4.0 ~ 8.5 厘米。

三、刺毛猕猴桃变种 *Actinidia chinensis* var. *setosa* H.L.Li

主要分布于台湾阿里山，海拔 1300 ~ 2600 米，是台湾特有种。属于中华猕猴桃的变种。

花为聚伞花序，花少，橙黄色，被短柔毛。雄花较小，花瓣 5 片，有些 3 ~ 4 片，长卵圆形，长约 8 ~ 10 毫米，宽约 6 ~ 7 毫米。子房近球形，横径约 6 ~ 7 毫米，密被棕色茸毛，花柱细，长约 5 ~ 6 毫米，花梗长约 1 ~ 2 厘米，苞片小，有条纹。萼片 5 片，阔倒卵形，具短爪，先端圆形，长约 1.4 ~ 1.5 厘米，宽约 1.0 ~ 1.2 厘米（图 3-9，图 3-10）。

果实近圆形至椭圆形，单果重约 20 ~ 35 克，果面

图 3-9 刺毛猕猴桃花蕾

图 3-10 刺毛猕猴桃的花

图 3-11　刺毛猕猴桃结果状

图 3-12　刺毛猕猴桃果实及切面

图 3-13　红肉猕猴桃结果状

图 3-14　红肉猕猴桃果实横切面

褐色，密被棕色长硬毛，种子长椭圆形，呈蜂窝状网纹。果肉绿色，风味淡甜微酸，汁液多，质细嫩。但果实不耐贮（图 3-11，图 3-12）。

枝蔓棕红色，皮孔长椭圆形，嫩枝有刺毛，髓大、白色或淡黄色，片层状。叶纸质，多数叶近圆形，先端具凹陷的短尖，基部圆形至间或心形，叶长 12 ~ 17 厘米，宽 10 ~ 15 厘米，叶缘具长细锯齿。叶面被柔毛，叶背银灰色，密被白色星状毛。侧脉每边 5 ~ 8，叶柄长约 3.5 ~ 7.5 厘米，密被短柔毛。

四、红肉猕猴桃变型 *Actinidia chinensis* var. *chinensis* f. *rufopulpa* C.F. Liang and R.H. Huang

原为中华猕猴桃原变种的一个变型。主要分布于江西、河南、浙江和湖北等地。

本变种的植物学性状与中华猕猴桃原变种相类似，主要区别是果实的中轴周围果肉是红色，其余部分为黄色，风味甜，余味酸，质嫩，汁多。但果肉红色受气温和湿度影响，在夏季高温干燥地区，果肉红色消退。如在湖北武汉、湖南长沙地区，不表现红色或红色极淡（图 3-13，图 3-14）。

五、彩色猕猴桃变型 *Actinidia deliciosa* var. *coloris* T. H. Lin and X. Y. Xiong

原为美味猕猴桃的一个变种。主要分布于湖南、湖北、四川等地。与美味猕猴桃的区别在于：彩色猕猴桃枝条上的硬毛暗红色，果大多呈卵圆形，直径 2.5 ~ 3 厘米，普遍较小，横切面心皮靠中轴部分鲜红色。果肉红色与红肉猕猴桃类似，同样受气温和湿度影响，在夏季高温干燥地区，红色消退（图 3-15，图 3-16）。

图 3-15　彩色猕猴桃结果状

图 3-17　绿果猕猴桃结果状

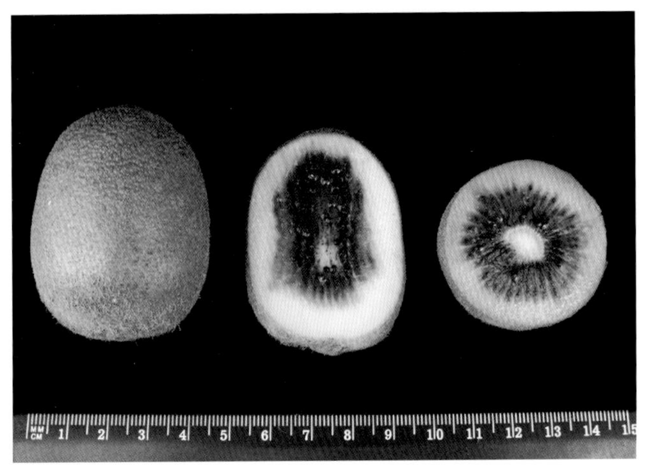

图 3-16　彩色猕猴桃果实及切面

图 3-18　绿果猕猴桃果实及切面

六、绿果猕猴桃变型 *Actinidia deliciosa* var. *chlorocarpa* C.F.Liang and A. R. Ferguson

原为美味猕猴桃变种的一个变型。主要分布于云南、广西等地的中高海拔山区。

雌花多为单花，花序着生于一年生枝 2 ~ 6 节叶腋间。萼片多 6 裂，卵圆形或椭圆形，密被褐色绒毛，长约 6 毫米，宽约 6 毫米。花冠直径约 4.3 厘米，花白色，花瓣 6 ~ 7 片，以 6 片居多，近圆形。具放射状条纹，长约 1.8 厘米，宽约 1.9 厘米。花丝白色至绿色，约 135 枚，长约 6 毫米。花药黄色，箭头形或椭圆形。花柱白色，约 34 枚，长约 6 毫米，柱头稍膨大，白色。子房短圆柱形，密被白色或浅褐色柔毛，直径约 5 毫米。花梗绿色，被褐色或浅褐色绒毛，长约 2.3 厘米。

果实扁球形，果皮深褐色，被褐色糙毛。果顶部分被黄棕色茸毛。果顶平，中间微凹。果点红褐色，花萼残存。果肩平、宽，两侧对称，萼片宿存。果梗灰褐色，被褐白色茸毛，粗。果实平均重 14.8 ~ 38.5 克，果肉绿色，果心白色，味甚酸，麻感淡，无涩味，汁甚多，肉质脆（图 3-17，图 3-18）。

一年生枝褐色，稀被褐色绒毛，皮孔明显，灰白色，圆形。节间长约 1.5 ~ 5.5 厘米。二年生枝灰褐色，无毛，皮孔凸出，稀，小，灰白色，椭圆形、圆形，髓片层状，绿色。

叶纸质，较小，扁圆形，长约 5.5 ~ 8.0 厘米，宽约 6.5 ~ 8.0 厘米。基部窄，平截，多对称；先端宽，平截，有的凹陷。叶面深绿色，有光泽，无毛。主、侧脉绿色，主脉被极稀白色绒毛。叶缘全缘，小尖刺外伸，绿色。叶背黄棕色和白绿色，密被白色或黄棕色星状毛和绒毛，主、侧脉黄棕色和灰白色，被黄棕色和白色绒毛。侧脉每边 7 ~ 8，有的侧脉 2 歧分叉。叶柄绿色，被白色和浅黄色绒毛，长约 3.5 ~ 4.0 厘米。

中华猕猴桃主要经济性状，详见第一章第二节。

第二节 毛花猕猴桃 *Actinidia eriantha* Bentham

一、植物学特征

毛花猕猴桃又名毛冬瓜、白布冬子。在年均温为14.6 ~ 21.3℃的范围内广泛分布，主要分布在广东、广西、江西、湖南、福建及贵州等地海拔500 ~ 1940米的山区。

雌花为聚伞花序,每花序多3花。萼片2 ~ 3裂,3裂居多,密被白色短绒毛。花冠直径约3.8 ~ 4.0厘米,花粉红或白色,花瓣5 ~ 6片，近倒卵形，基部较窄，色较深。花瓣中部有纵沟，边缘有些皱褶。花丝细，约115 ~ 131枚，长约5 ~ 8毫米。花药黄色，长箭头形。花柱白色，约37 ~ 39枚，向四周散生，柱头钝圆，稍膨大，子房近球形或椭圆形，纵径约8毫米，横径约6毫米，白色。密被白色短柔毛。花梗长约1.5 ~ 19毫米，白灰绿色，密被白色短绒毛(图3-19)。

雄花为聚伞花序，每花序有花1 ~ 3朵，以3朵居多。萼片3裂,三角形,长约11毫米,被绒毛。花冠直径约3.9 ~ 4.0厘米,花瓣6 ~ 7枚,长椭圆形,长约17毫米,宽约11毫米,花粉红色，花丝粉红色，极细，约158枚，长约5 ~ 8毫米，花药黄色，长形，先端钝尖。子房退化，被白色柔毛。花序梗长约8 ~ 10毫米，顶花梗长约13毫米，侧花梗长约0.5 ~ 1.0毫米(图3-20)。

图3-19　毛花猕猴桃雄花

图3-21　毛花猕猴桃结果状

图3-20　毛花猕猴桃雌花

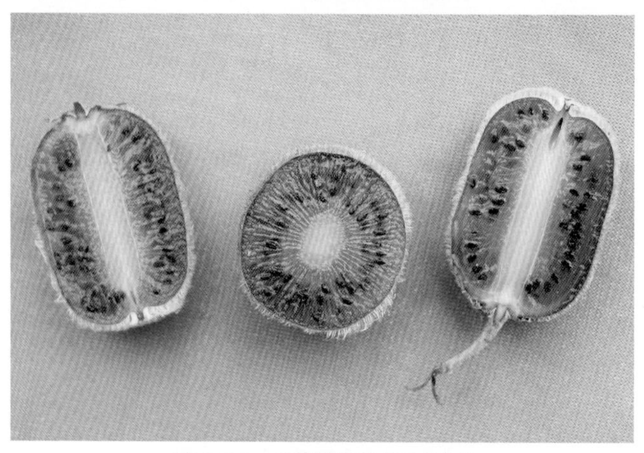
图3-22　毛花猕猴桃果实切面

果实密被白色、灰白色或棕色长绒毛，长圆柱形。果肩方果顶凹，果皮绿色，果点金黄色，密小，果顶近平截，中部凹陷。果肩近截形或圆形，萼片宿存。果柄粗约 2 ~ 3 毫米，密被白色或灰白色、棕色绒毛，长约 19 毫米。果实平均纵径约 2 ~ 6 厘米，平均横径约 2.2 厘米。单果重 10 ~ 40 克，平均果重约 25.4 克 (图 3-21，图 3-22)。

一年生枝为黄棕色，厚被黄色短绒毛，皮孔不显；节间长约 2.9 ~ 4.0 厘米。二年生枝褐色，硬，粗，薄被白粉；髓片层状，白色；皮孔不明显。叶厚纸质，椭圆形或锥体形，长约 13.6 ~ 15.1 厘米，宽约 7.9 ~ 9.8 厘米，基部圆形，稍不对称，先端小钝尖或渐尖。叶面深绿色，有光泽，无毛，主、侧脉绿色，无毛。叶缘锯齿不明显；有浅绿色向外伸展的小尖刺，叶背灰绿白色，密被白色星状毛和绒毛；主、侧脉白绿色，密被白色长绒毛，侧脉每边 7 ~ 9，叶柄粗，黄棕色，被黄色绒毛，长约 2.5 ~ 3.1 厘米。毛花猕猴桃以短果枝、中果枝和长果枝结果为主，占 73%，花主要着生在第 3 ~ 6 节位上，占总花数的 71%。

在湖北武汉地区，3 月上旬萌芽，5 月上中旬开花，5 月中旬坐果，10 月初果实成熟，12 月落叶休眠。

二、主要经济性状

果实可鲜食与加工，果肉翠绿色，肉质细，果心较小，多汁，风味酸甜，有青草气味，主要用于加工。该种果实维生素 C 含量极高，100 克鲜果肉中含维生素 C 569 ~ 1397 毫克，可溶性固形物含量 10% ~ 16%，总糖 10%，酸 1% ~ 2%，氨基酸 8%，干物质 16%。种子褐色，扁椭圆形，果实出籽率 2.5%，种子千粒重 0.96 克，单果种子数 364 粒，种子出油率 20%，种子油中含 84% 以上不饱和脂肪酸，其中 α- 亚麻酸 56%，亚油酸 18%，油酸 14%，不含角鲨烯 (卜范文等, 2010)。具有很高的经济价值，同时也是培育高维生素 C 含量的特殊种质资源。

第三节 软枣猕猴桃及其变种

一、软枣猕猴桃原变种 *Actinidia arguta* (Siebold and Zuccarini) Planchon ex Miquel

木质藤本植物，俗称软枣子、圆枣子和藤枣等。树势中等偏强，主根不发达，随着幼苗生长，侧根的分生和发育也逐渐衰退。一年生实生苗的侧根和细根总数约 150 根左右，侧根长达 18 厘米，粗度 0.1 ~ 0.5 厘米，初为灰白色，后变为灰褐色，皮层较厚。15 年生植株的骨干根向水平方向可延伸至 10 米多，其根幅约为冠幅的 3.6 倍。次生侧根较少，平均 1 米只有 6 根。根群大多分布在 10 ~ 30 厘米

图 3-23 软枣猕猴桃雌花

图 3-24 软枣猕猴桃雄花

的土层中。一年生硬枝扦插苗根系为黄褐色，骨干根少，须根多，苗高60厘米左右。

雌花为聚伞花序，花序腋生，多单生，花1～3朵。花萼4～6片，萼片卵圆形、长约6毫米；花冠直径12～20毫米，白色至淡绿色；花瓣4～6片，卵形至长圆形，长7～9毫米、宽4～7毫米；花丝白色，约44枚；花药暗紫色，楔状倒卵形或瓢状倒阔卵形，长圆头形箭头状；花柱通常为18～22枚，长约4毫米。子房瓶状，洁净无毛，长6～7毫米（图3-23）。

雄花为聚伞花序，多花；雄蕊44个，花丝长3～5毫米，白色；花药黑褐色或紫黑色，长约2毫米；花瓣形状类似雌花；子房退化。花梗长8～14毫米（图3-24）。

图3-25　软枣猕猴桃结果状

图3-26　软枣猕猴桃果实及切面

果实多为卵圆形或近圆形，也有扁圆形或圆柱形、圆球形，果面无斑点；未成熟果实浅绿色、深绿色、黄绿色，近成熟果实紫红色、浅红色、绿色或黄绿色，果皮光滑无毛；果顶圆，或具喙；果实小，单果重4～20克（图3-25，图3-26）。

一年生枝淡灰色、灰色或红褐色，无毛或稀被白色柔毛；皮孔明显、色浅，长梭形或长圆形；二年生枝灰褐色、无毛；茎髓片层状、白色。老枝光滑无毛，浅灰褐色或黑褐色。叶纸质，长圆形、卵形、间或阔卵形；叶片基部圆形或阔楔形，顶端急短尖或短尾尖，长6～17厘米，宽5～13厘米；叶面深绿色、无毛；叶边缘锯齿密，贴生；叶背面浅绿色，侧脉腋间有灰白色或黄色簇毛；叶柄长3～14厘米，绿色或浅红色。

二、陕西猕猴桃变种 *Actinidia arguta* var. *giraldii* (Diels) Voroshilov

落叶藤本植物，俗名小杨桃。主要分布于广西、湖南、江西、浙江、四川、重庆、湖北、甘肃、陕西、河南等地。

雌花黄白色，花药紫色。雄花多为伞状花序，每花序具花3～14朵。

果实长卵圆形或圆柱状卵圆形；果实无毛；果皮厚、未成熟绿色，成熟呈紫红色；果顶微突出，果蒂平，萼片脱落；果实小，平均果重约2.1克；果实纵径约3厘米，横径约1.7厘米。果肉紫红色，果心中等大小；味清甜无香味、汁液中等；果实成熟期通常在8月。

一年生枝浅绿色，密被黄绿色短柔毛；髓片层状，白色。老枝灰褐色至灰黑色，无毛。叶片纸质，卵圆形或阔椭圆形，部分叶形不规则；叶片基部阔楔形，圆形或亚心形，先端有短突尖且多扭曲；长6～16厘米、宽6～11厘米；叶缘呈波状，锯齿尖，贴生；叶面绿色、无毛，中下部多卷曲柔毛，叶脉上柔毛较多；叶背绿色、被卷曲柔毛，与叶面相似；叶柄绿色或淡红色，略被柔毛，长4.5～7厘米。

三、紫果猕猴桃变型 *Actinidia arguta* var. *purpurea* (Rehder) C.F. Liang

原为软枣猕猴桃的一个变种，在最近猕猴桃属修订中归并入软枣猕猴桃，但因其特殊的果实颜色及其育种和利用价值，作为特殊种质资源予以介绍。紫果猕猴桃主要分布在云南、江西、浙江、广西、甘肃、福建、湖南、湖北、河南、四川、贵州等地的高海拔山区。

雌花为二歧聚伞花序；花白色，中央部分有浅绿色灰网纹，扇形，内卷；花萼5裂，白绿色，内卷。花冠直径约1.5～1.7厘米。花丝长约3毫米，约28个。花柱白绿色，柱头丝状，极短，白色。子房白绿色，长椭圆形，花瓣5片。总序梗长约2～4毫米，小花梗长约5～7毫米（图3-27）。

果实近长圆柱形，果皮绿色，成熟果实紫红色。果皮光滑，有白色小果点。有喙。果梗长约2～3.5厘米，绿色，有极短的白色茸毛，果肉全部紫红色。果实较小，平均单果重5～10克，果实营养丰富，野生果实含维生素C约62毫克/100克鲜重，总糖9.2%，总酸1.1%（图3-28，图3-29）。

落叶藤本植物，嫩枝浅红绿色，皮孔白绿色；二年生枝灰色，具有浅灰色斑块，皮孔大小相间；老枝黑褐色或褐灰色，皮孔长椭圆形，大小相间。髓片层状，褐色或褐绿色。叶纸质，阔卵圆形，徒长枝上的叶片倒卵圆形或卵圆形。叶长约6.0～9.8厘米，宽约4.2～5.6厘米。叶面皱而不平展，深绿色；主脉及侧脉白绿色，稀被极短绒毛，稍有光泽。叶背绿白色至浅绿色。叶基部楔形至浑圆形，有的为不对称的楔形。先端急尖。叶缘近基部为全缘，其余部分为细锯齿，齿尖绿白色，内勾。侧脉每边5～6个。叶柄红色或紫红色，长约2.0～4.7厘米，中粗。

图3-27 紫果猕猴桃雄花

图3-28 紫果猕猴桃果实外观（四川余和民提供）

图3-29 紫果猕猴桃果实及切面（四川雅安农民提供）

四、软枣猕猴桃生物学特性

广泛分布于中国云南、广西、贵州、湖南、江西、福建、浙江、四川、重庆、湖北、安徽、甘肃、陕西、河南、山西、山东、河北、北京、天津、辽宁、吉林、黑龙江、台湾，以及日本国大部分地区及俄罗斯远东地区。软枣猕猴桃能适应辽宁5～8.2℃的年均温度，也能适应福建16.9～17.9℃的年均温条件。

腋芽萌发率和成枝率较高，一年生枝年平均生长量1米左右，旺盛的新梢可达4米左右。节间较中华猕猴桃短，强枝发出后，在水平或弯曲部位可发出2次枝，2次枝当年可以生长充实，成为下一年的结果母枝。中、短枝蔓呈水平或下垂生长，不攀附于它物，停止生长较晚。特别的是，几乎所有的新梢都能发育成为结果母枝。

结果母枝生长状态比较复杂，结果枝大多由结果母枝的中上部抽生，以中果枝和短果枝结果居多，两者约占结果枝的 40% 和 42%。短缩果枝约占 10%，50 厘米以上的长果枝占 8% 左右。花果主要着生在结果枝的第 5 ~ 10 节位上，占 80% 以上。一般每节位着果 1 个，少数为 2 ~ 3 个，或 4 ~ 5 个。

在湖北武汉地区，3 月初萌动，3 月上旬展叶，4 月中旬开花，7 月底至 8 月果实成熟，10 月落叶休眠。不同倍性的软枣猕猴桃在武汉地区适应性出现分化：2 倍体软枣猕猴桃能开花结果，但夏季生长缓慢，果实风味差；四倍体软枣猕猴桃花量少，部分年份出现只开花不结果的现象。

在东北地区，如中国农业科学院吉林特产所左家基地，软枣猕猴桃 6 ~ 7 月开花，8 ~ 9 月果实成熟，10 月落叶休眠。

五、软枣猕猴桃主要经济性状

果肉绿色或翠绿色，果心大，味甜略酸、多汁；100 克鲜果含维生素 C81 ~ 430 毫克，可溶性固形物 14% ~ 20.7%，总酸 0.9% ~ 1.3%，总糖 9% ~ 11%，氨基酸 5%；含有丰富的矿质元素；风味很甜或甜酸适宜或酸，有清香。此外，软枣猕猴桃还含有其他成分：如新西兰 A.J.Matich 等人从软枣猕猴桃果实中分离出 87 种挥发性成分，已鉴定出的有 85 种，主要是萜烯类（29 种）和酯类（26 种），其次是碳氢化合物（11 种）、苯烃类（9 种）和呋喃（7 种），最少的是酸类（2 种）和硫化合物（1 种）（Matich, 2003）；翟延君等（1996）对软枣猕猴桃的根、茎、果三个不同药用部位的 12 种微量元素进行含量测定和分析，结果表明，三个部位中均含有 Fe、Zn、Sr、Ni、Mn、Cu、Se、Cr、Al、Ti、Co、Cd 12 种微量元素，Fe、Zn、Cu、Mn 和 Ni 在各部位的含量均较高，这些微量元素是人体不可缺少的，它们在机体内起着重要的生理作用；根茎中 Fe、Cu、Mn 和 Se 元素含量同样十分丰富，均比叶中含量高。现代医学证明这些元素的存在对防治癌瘤具有一定的作用。

果实种子小，千粒重 0.87 克，单果种子数 243 粒，种子出油率 26%。种子油中不饱和脂肪酸达 84% 以上，但主要是亚油酸，占 75%，油酸 14%，而不含 α- 亚麻酸、棕榈酸和角鲨烯（卜范文等，2010）。果实适于鲜食及加工。

第四节　浙江猕猴桃 *Actinidia zhejiangensis* C. F. Liang

一、植物学特征

单花或二歧花序，具花 1、3 或 7 朵；花序梗长 4 ~ 10 毫米，花梗长 6 ~ 16 毫米；苞片尖锥状，长 3 ~ 6 毫米；花萼 5 ~ 6 片，萼片卵圆形或窄卵圆形、长约 10 ~ 16 毫米，内外面都密被黄褐色绒毛；花淡粉红色，花瓣 5 ~ 6 片、倒卵形或窄倒卵形，长约 6 ~ 8 毫米；花丝约 52 枚，长 4 ~ 8 毫米；花药黄色；花柱长约 5 毫米；子房球形、密被灰色绒毛，直径 6 ~ 8 毫米（图 3-30）。

图 3-30　浙江猕猴桃的花

果实长圆形；果皮黄绿色，密被短绒毛；萼片宿存，三角状长卵形，向外反折，4 ~ 5 片；两端近平截；果梗被短绒毛，长 3.5 厘米；果实长 3.5 ~ 4 厘米，直径约 3 厘米；果实平均单果重约 20 克。

茎绿褐色或黄褐色；初期薄被绒毛，后期脱落；长约10～25厘米，直径为4～5毫米；茎髓片层状、白色或褐色。叶纸质，卵形、长圆形或长卵形；叶片基部浅心形至耳形，先端渐尖或短渐尖叶，叶片长5～20厘米、宽2.5～11厘米；营养枝上的叶片主脉上有残存绒毛，但花枝叶片的叶面无毛，花枝叶片的叶背面苍绿色，无毛或近无毛，或在网脉上被银白色绒毛，在主脉及侧脉上被黄褐色绒毛。大小叶脉均显著隆起，侧脉一般7对。叶柄长1～4厘米。

在湖北武汉地区，2007～2009年连续三年观察，均于3月上旬萌芽，3月中旬展叶，3月下旬现蕾，4月下旬至5月初露瓣，5月上中旬开花，5月中旬坐果，9月下旬果实成熟。

图3-31 浙江猕猴桃结果状

二、主要经济性状

果实主要用于加工，果肉绿色；种子红褐色，少；果实成熟期通常为10月，味甜酸、多汁；100克鲜果维生素C含量289～371毫克，可溶性固形物10%～12%，总酸1.5%～1.7%（图3-31，图3-32）。果皮易于剥离，是培育高维生素C含量和易剥皮种质的特殊种质资源。

图3-32 浙江猕猴桃果实及切面

第五节 阔叶猕猴桃及变种

一、阔叶猕猴桃原变种 *Actinidia latifolia* (Gardner and Champion) Merrill

又名多花猕猴桃、跳皮羊桃、量藤。在年均气温16.4～22.4℃范围内广泛分布，但以年均气温19.5～21.2℃地区生长发育较好，果实较多。主要分布在云南、广东、广西、湖南、四川、贵州等地。

雌花为2歧聚伞花序，呈总状，每花序约30～34朵花，每一分歧又分两个小花序。萼片多3裂，少有2裂的，三角形，花开后，萼片反卷，无毛。花冠直径约14毫米，花绿白色，近花瓣基部约1/3处浅红紫色。花瓣向后卷，外观凸出，窄，近似纺锤形，5叶，两端圆形，长约9毫米，宽约2.5毫米，

图3-33 阔叶猕猴桃的花

图 3-34 阔叶猕猴桃结果状

图 3-35 阔叶猕猴桃果实及切面

花瓣厚。花丝浅白绿色，多数。花药浅黄色，小、近圆形，一端微尖。花柱浅绿色，细，约 27 ~ 33 枚，向四周散开，长约 3 毫米，柱头稍膨大，近圆形。子房近椭圆形，纵径约 3.5 毫米，横径约 2.3 毫米，密被白色短柔毛。总序梗长约 14 毫米，分歧序梗长约 10 ~ 12 毫米，花梗长约 2 毫米，浅绿色，被灰黄色短绒毛。花甚香（图 3-33）。

雄花为 2 歧聚伞花序，每花序有花 8 ~ 70 朵，一般约 40 ~ 50 朵。花开后在短枝上呈串状。总序梗长约 12 毫米，分歧序梗长约 11 毫米，顶花梗长约 2 毫米，侧花梗短而细。花冠直径约 15 毫米，花白色，近花瓣基部浅红紫色，花瓣 5 裂，长椭圆形，花开后花瓣反卷，形似雌花，花瓣之间有稍大空隙。花丝浅绿色，约 33 ~ 51 枚，长约 3 毫米，细。花药黄色，短椭圆形。子房退化，近小球形，两端尖窄，绿白色，纵横径不到 1 毫米，花甚香。

果实圆柱形，果皮褐绿色，无光泽，果点甚密，果皮粗糙，果点明显。萼片宿存，果顶突出，花蕊残存或脱落，呈一圆形小圈。果柄短而粗，纵径约 19 ~ 27 毫米，横径约 11 ~ 14 毫米，平均单果重约 2 ~ 4 克；果肉翠绿色，果心较小，淡绿色，汁较多（图 3-34，图 3-35）。

一年生枝灰绿色，密被白色绒毛；新梢基部浅红褐色，髓空心，绿色。二年生枝栗色，无毛，髓淡绿至白色，皮孔长圆形，白色。叶片纸质，长椭圆形，长卵形，基部多圆形，两侧多不对称，先端多短突尖，间或钝尖，长约 15.6 ~ 22.5 厘米，宽约 9.6 ~ 12.5 厘米，个别大叶宽 17.1 厘米。叶面深绿色，无光泽，稀被白色倒伏毛。叶脉浅绿色，被有褐色绒毛，侧脉颜色近似叶面，稍突出。叶缘锯齿小，不明显，小尖刺外举，绿色。叶背浅绿白色，密被白色星状毛及绒毛。主、侧、网脉明显，凸出，浅绿黄色，有的侧脉在先端分叉，侧脉每边 6 ~ 8。叶柄长约 3.1 ~ 4.8 厘米，浅灰褐色及灰绿色，密被白色和褐色绒毛。

在湖北武汉地区，3 月上旬萌芽，3 月中旬展叶，6 月上中旬开花，10 月上旬果实成熟。

二、长绒猕猴桃变种 *Actinidia latifolia* var. *mollis* (Dunn) Handel—Mazzetti

又名厚毛猕猴桃，是阔叶猕猴桃的一个变种。主要分布在云南省。

雌花为 2 歧聚伞花序，每花序约 30 ~ 34 朵花，每一分歧又分两个小花序。萼片多 3 裂，少有 2 裂的，三角形，花开后，萼片反卷，无毛。花冠直径约 14 毫米，花黄白色。花瓣向后卷，外观凸出，窄，近似纺锤形，5 叶，两端圆形，长约 9 毫米，宽约 2.5 毫米，花瓣厚。花丝浅白黄色，多数。花药浅黄色，小、近圆形，一端微尖。花柱白色，细，约 27 ~ 33 枚，向四周散开，长约 3 毫米，柱头稍膨大，近圆形。子房近椭圆形，纵径约 3.5 毫米，横径约 2.3 毫米，密被白色短柔毛。总序梗长约 14 毫米，分歧序梗长约 10 ~ 12 毫米，花梗长约 2 毫米，浅绿色，被灰黄色短绒毛。花甚香（图 3-36，图 3-37）。

果实短椭圆形，果柄一端较大，果顶一端窄，果皮具黄色短绒毛。单果重约 4 ~ 5 克，每序可挂 2 ~ 25 果。萼片 5，宿存，具黄色长绒毛，密。花柱残存，种子小而多。每 100 克鲜果肉中含维生素 C1198.8 毫克，可溶性固形物 5.4%，总酸 0.98%。在西畴，果实约 10 月底至 11 月成熟（图 3-38，图 3-39）。

图 3-36 长绒猕猴桃的叶、花蕾

图 3-38 长绒猕猴桃结果状

图 3-37 长绒猕猴桃雌花

图 3-39 长绒猕猴桃果实及切面

一年生枝浅绿色，密被红黄色柔毛；二年生枝褐色，向阳面密被簇状褐色糙毛，间有绒毛分布，皮孔稀，卵形或线形，髓片层状，浅白绿色；老枝褐色，被褐色糙毛，皮孔明显，白色，椭圆形、圆形。髓片层状，白色。叶厚纸质，似绒布状，近心形，长约 11.5 ~ 15.0 厘米，宽约 9 ~ 10.5 厘米，基部耳状心形，凹陷深约 18 毫米，耳部被绒毛，先端突尖。叶面密被极短的白色绒毛，浓绿色，直立，叶肉上具鲜绿色小颗粒状物，密集。主、侧脉及 2 次分支脉均凸出，明显。主脉绿色，密被棕红色较长的绒毛，侧脉较明显，密被淡褐红色绒毛。主脉及侧脉除有柔毛外，还被较长茸毛，黄色偏红。侧脉每边 8 ~ 10。叶柄浅绿色，密被较长的绒毛，绒毛粗，长约 3.7 ~ 4.6 厘米。叶喙近全缘，有直立向外的褐色小尖刺。叶背灰绿色，密被白色星状毛及白色绒毛，有些星状毛重叠生长，以手触之，似细绒布，柔毛密而较厚。幼叶杏黄红色，密被很长很厚的杏黄红色柔毛，以手触之相当柔软。

三、阔叶猕猴桃主要经济性状

阔叶猕猴桃果实风味甜酸、多汁、质细，营养丰富，100 克鲜果肉中含维生素 C 671 ~ 2140 毫克，可溶性固形物含量 10%，有机酸 1.1% ~ 1.9%，总糖 3.14%，氨基酸 6.10%。种子多，单果种子数 325 粒，出籽率 5.02%，较大，千粒重 0.89 克，褐色，长椭圆形，有些种子中部稍弯曲，稍扁。种子出油率 14.97%，种子油中 84% 以上为不饱和脂肪酸，其中 54% 为 α- 亚麻酸，13.95% 为亚油酸，17.98% 为油酸，0.21% 为角鲨烯。该种果实较小，主要用于加工或作培育高维生素 C 的特殊种质资源。

第六节 山梨猕猴桃 *Actinidia rufa* (Siebold and Zuccarini) Planchon ex Miquel

花腋生，聚伞花序，雌花每花序有 1 ~ 3 朵花，常以 2 花居多；雄花每花序有 3 ~ 9 朵花。花白色，花冠基部略带红色，花径 1.5 厘米 ×1.5 厘米，花瓣 5 片，倒卵圆形，每朵花有花丝 38 枚，花药淡黄色；子房球形，被褐色茸毛，直径约 6 毫米（图 3-40 至图 3-42）。

果实长圆柱形，果肩和果顶均凹，果实小，平均果重 4.3 克，果面绿褐色，光滑无毛，有浅棱，果点粗密。果肉绿黄色，果心小，种子多，果肉汁液多，风味淡甜，充分软熟果实可溶性固形物含量 7.5% ~ 12%，可溶性总糖 3.9%，总酸 0.6%，维生素 C 含量 13.5 毫克 /100 克，果实味淡甜间或微麻辣。果实耐贮性能强，为观赏鲜食种类和育种亲本（图 3-43，图 3-44）。

与其他猕猴桃物种相比另一个显著的特点：即果实不脱落，12 月叶片脱落后，果实仍不落果，并从 12 月初开始采下即可食，直至次年 1 月。

一年生枝灰绿色，二年生以上枝褐色，有灰褐色皮孔，髓片层状，嫩时呈白色，后变淡绿色。叶片纸质，长卵圆形，长 10.0 ~ 16.0 厘米，宽 4.1 ~ 8.0 厘米，叶顶端突尖，基部近楔形，叶边缘细锯齿，较稀；叶面深绿色，无毛；叶背面浅绿色，侧脉 6 ~ 7 对；叶柄较粗，水红色，叶柄基部略带淡红色，叶柄长 6 ~ 9 厘米。

在湖北武汉地区，3 月初萌芽，上旬展叶，5 月中旬开花，下旬坐果，11 ~ 12 月果实成熟，12 月落叶休眠。

图 3-40 山梨猕猴桃的花

图 3-41 山梨猕猴桃雌花

图 3-42 山梨猕猴桃雄花

图 3-43 山梨猕猴桃结果状

图 3-44 山梨猕猴桃果实及切面

第七节 黑蕊猕猴桃 *Actinidia melanandra* Franchet

主要分布于云南、浙江、甘肃、福建、陕西、河南、安徽、四川、贵州等地的高海拔山区。

雌花白色，冠径约 2.2 厘米，花瓣 5 枚，长椭圆形，长约 13 毫米，宽约 7 毫米，基部窄，稍厚，无放射状条纹。花柱白色，约 14 枚，较粗短，由基部至先端渐粗似棒槌状，长约 2.5 毫米。柱头稍膨大，微显淡红色。花丝甚多，约 63 枚，较粗短，长约 3 毫米，花药黑色，甚长大，长约 2 毫米，长椭圆形，纵裂沟不太深。子房瓶状，先端白色，子房下部白中带有红色，纵径约 7 毫米，横径约 3 毫米，无毛。萼片 5 裂，较长大，长约 7 毫米，宽约 3 毫米，长椭圆形，绿色，内面稀被浅紫红色长柔毛，外面无毛。花梗较粗长，绿色，无毛，长约 1.7 厘米。花序梗粗，绿色，长约 11 毫米。花序着生于一年生枝基部起第 7～8 节叶腋间，每花序有花 1～3 朵，单花及顶花先绽开 (图 3-45)。

图 3-45 黑蕊猕猴桃雌花

雄花为聚伞花序，每花序多 3 花，偶有单花者。花白色，冠径约 18～22 毫米，花瓣 5，阔卵圆形，上有雪白色或灰白色条纹，白色条纹较宽，瓢状。雄蕊约 37 枚，花丝长约 3～3.5 毫米，花药黑色，具白色花纹。子房退化，甚少，绿色。花梗长约 12～20 毫米，总花梗长约 10～20 毫米，绿色，中等细。花期 6 月中旬 (图 3-46)。

图 3-46 黑蕊猕猴桃雄花

果实近圆柱形，果皮褐色、绿色和紫色，无果点，无毛，具喙，较长，近锥状。果肩对称，有梗洼。萼片脱落，果梗甚细，长约 2.6 厘米，纵径约 2.3 厘米，横径约 1.8 厘

图 3-47 黑蕊猕猴桃结果状

图 3-48 黑蕊猕猴桃果实及切面

米。果肉绿色，果心白色，椭圆形。种子少而大，紫红色，椭圆形（图 3-47，图 3-48）。

一年生枝中下部深绿色，具白粉，先端部分淡红色，具白色和绿色皮孔，椭圆形，凸起。二年生枝灰褐色，皮孔椭圆形，凸起，灰褐色。老枝深灰色，皮孔凸起，椭圆形。髓片层状，绿褐色。叶薄革质，卵圆形至长卵圆形。叶面深绿色、无毛，叶背有白粉。基部楔形，先端急尖至渐尖。叶先端与基部较不平整。叶长约 7 ~ 11 厘米，宽约 3 ~ 5 厘米。叶缘基部锯齿少，中、上部较多，中部锯齿细密，先端稀而大。侧脉每边 6 ~ 7 个，网结。叶柄长约 3 ~ 6 厘米，粗，肉红色。

在湖北武汉，平均单果重 4.56 ~ 6.99 克，最大果重 10.4 克，最小 3.1 克。果实椭圆形，果面光滑，微甜，有清淡香味，未软熟时果面绿色，软熟果实深紫色。果实采下后仅可贮藏 3 ~ 5 天，第七天基本腐烂，好果率仅 21.7%。正常软果可溶性固形物 15% ~ 24%，总糖 7% ~ 9%，总酸 0.5% ~ 0.6%，每 100 克鲜果肉含维生素 C 175 ~ 182 毫克。

在湖北武汉地区，2 月下旬萌芽，3 月初展叶，4 月底至 5 月上旬开花，5 月上中旬坐果，果实 7 月底至 8 月上旬成熟。

第八节　狗枣猕猴桃 *Actinidia kolomikta* (Maximowicz and Ruprecht) Maximowicz

又名深山木天蓼、狗枣子。能耐 − 40 ~ − 35℃的低温，主要分布于云南、吉林、黑龙江、山东、北京、辽宁、甘肃、湖南、陕西、河南、四川等地。

雌花多单生，少数序花，有花 2 ~ 3 朵。花白色，冠径约 10 ~ 15 毫米，花瓣 5，稀 4 或 6 ~ 7 枚，开张，倒卵圆形，连同花梗稍有短柔毛或无毛。花柱白色，扁平，约 16 ~ 18 枚，呈放射状排列，长约 3 ~ 4 毫米。柱头白色，扁平，子房圆形，浅黄绿色，无毛，花丝 14 ~ 16 枚，白色，长约 2 ~ 3 毫米。花药近圆形，黄色，萼片 4 ~ 5 裂，近圆形，绿色具有红晕。花柄绿色，长约 5 ~ 6 毫米，无毛。雌花有香味。雄花单生或聚伞花序，有花 3 朵，花冠大小、形状和颜色近似雌花，雄蕊约 16 ~ 18 枚，花药黄色。子房退化（图 3-49）。

果实长圆柱形或近圆形，果肩方、果顶微凹，果喙端平。果实小，纵径约 1.6 ~ 2.8 厘米，横径约 1.0 ~ 1.7 厘米，平均果重约 2 ~ 12.7 克。果顶具喙，果皮绿色或黄绿色，具纵条纹，光滑无毛。果点不明显，近圆形，萼片宿存。果梗长约 2.5 厘米，果肉深绿色，肉质细致，果心小，汁液多，味甜酸，有果香（图 3-50，图 3-51）。种子浅褐色，近圆形，

图 3-49　狗枣猕猴桃雌花

图 3-50　狗枣猕猴桃结果状

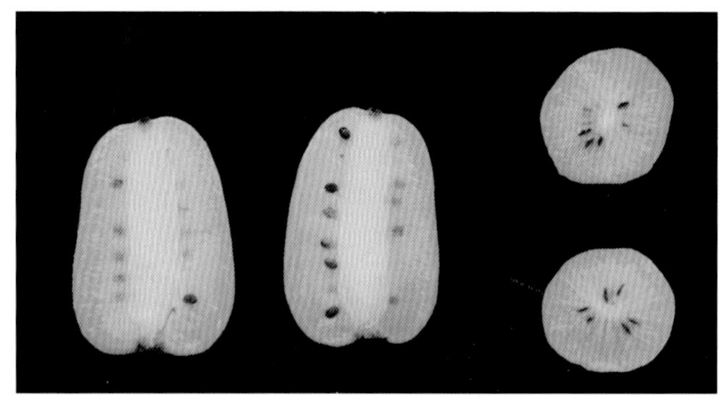

图 3-51　狗枣猕猴桃果实切面

小，千粒重 0.82 克，种皮光滑，每果实种子数 277 粒，出籽率 1.72%，种子出油率 5.78%，果实出油率 0.10%，籽油中不饱和脂肪酸 84% 以上，其中 α- 亚麻酸 55.88%，亚油酸 14.08%，油酸 15.71%，不含角鲨烯。

在湖北武汉，生长势弱，结果少，平均每结果枝结果 2.7 ~ 2.9 个。果实小，平均单果重 3 ~ 4 克，最大 6.2 克，最小 2.1 克，纵径 25 ~ 30 毫米，横径 15 ~ 24 毫米，果皮黄绿色，软熟后不变色，光滑，近圆柱形，入口微甜，余味酸，有淡淡的清香味。维生素 C 768 ~ 819 毫克 /100 克。

一年生枝绿色或灰褐色，一般光滑无毛，或稍被柔毛，柔毛浅褐色或白色。二年生枝黄褐色或黑褐色，光滑无毛，皮孔明显，圆形，黄白色，密生。老枝浅褐色，灰褐色，光滑无毛。髓片层状，黄褐色。叶膜质或纸质，平展稍皱褶。椭圆形、卵圆形，长约 6 ~ 15 厘米，宽约 5 ~ 10 厘米，基部心形，少有近圆形。先端渐尖或急尖。叶脉明显，黄绿色，无毛或稍被茸毛。叶缘具单锯齿至芒刺状，黄绿色，无毛。叶背沿叶脉疏生灰褐色短绒毛，脉腋处毛被较密。侧脉每边 6 ~ 8 对，网结。叶柄长约 2.5 ~ 5 厘米，初时略被少量尘埃状柔毛，后脱落。

在湖北武汉地区，2 月中旬萌芽，3 月上旬展叶，4 月中旬开花，果实 7 月成熟；但狗枣猕猴桃果实在我国北方 9 ~ 10 月成熟。

第九节　大籽猕猴桃 *Actinidia macrosperma* C. F. Liang

一、植物学特征

1．花

雌性花常单生，着生在 2 ~ 6 节；花梗长 0.9 ~ 1.5 厘米，无毛，萼片 2 ~ 3 枚、卵圆形，长 1.0 ~ 1.2 厘米，无毛；花瓣 6 ~ 8 枚，白色，芳香，花径 2.3 厘米 ×2.3 厘米，瓢状倒卵形；花丝丝状，花丝数 43 枚；花药黄色，线柱形；子房短瓶状，长 8 毫米。侧柱头数 17 枚。雄花聚伞花序，花白色，子房退化，花冠直径约 2 厘米（图 3-52，图 3-53）。

2．果

未成熟时果面呈淡绿色，光洁无毛，果成熟时橙黄色，卵圆形或圆球形，顶端有乳头状的喙；平均单果重 20 ~ 25

图 3-52 大籽猕猴桃雌花

图 3-54 大籽猕猴桃结果状

图 3-53 大籽猕猴桃雄花

图 3-55 大籽猕猴桃果实及切面

克，最大果重 29 克，果实纵径约 3 厘米，横径约 3 厘米；果面光滑美观无斑点。果肉橘黄色，果心小，汁液少，风味麻辣（图 3-54，图 3-55）。

一年生枝淡绿色，枝光滑无毛，皮孔密，黄白色。二年生以上老枝绿褐色，无毛，皮孔小而稀，椭圆形或肾形，黄白色，髓白色，实心。叶片较小，叶幼时膜质，成熟后近革质，卵形或椭圆状卵圆形，长约 5.0 ~ 8.0 厘米，宽约 4.0 ~ 5.0 厘米，先端渐尖、急尖至浑圆形，基部宽楔形至圆形，两侧或稍不对称，边缘有斜形细锯齿至圆锯齿，老叶近全缘、叶面深绿色，上面无毛。叶背浅绿色，脉腋有须状毛、叶脉不发达，侧脉 4 ~ 5 对；叶柄水红色，长 1.5 ~ 2.2 厘米，无毛。

在湖北武汉，2 月下旬萌芽，3 月上旬展叶，4 月下旬至 5 月上旬开花，8 ~ 9 月果实成熟。

二、主要经济性状

大籽猕猴桃果实风味麻辣，不能直接食用，主要用作药材或利用种子炸油。但其果实和根茎叶含有丰富的营养成分，如蛋白质、脂肪、氨基酸、维生素等，还含有挥发性成分。软熟果实的果肉含可溶性固形物 10%，总糖 5.9%，总酸 0.6% ~ 1.1%，总氨基酸 9.04%，维生素 C 29 毫克／100 克。

该种植物的根茎叶含有很多挥发性成分，研究表明其主要是 1，2-二甲基 -2，3-二氢 -1- 吲哚（16%）、柠檬醇（1.5%）、柠檬醛（4.8%）、苯甲醇（2.4%）、6，10-二甲基 -1，6-二烯基 -12- 十二醇（4.4%）等，同时鉴定出 5 种长链酯类化合物，约占 2%（王之灿等，2003）。在野外植株还发现 Dihydronepetalactone（二氢荆芥内酯），Iridomyrmecin(阿根廷蚁素）和 Dihydroactinidiolide（二氢猕猴桃内酯），是大籽猕猴桃中猫薄荷效应的组成部分（Zhao et al., 2006）。

从传统中药猫人参（大籽猕猴桃）根茎制作的饮片中分析测定出17种氨基酸，其中7种人体必需氨基酸，占总量的41%。在所含的氨基酸中，含量较高的分别为谷氨酸、天门冬氨酸、赖氨酸、精氨酸、亮氨酸、结氨酸和胱氨酸，总量是37毫克 / 千克，是大籽猕猴桃果实（10毫克 / 千克）的3.7倍，根茎部位的谷氨酸、天门冬氨酸和赖氨酸的含量是其果实部位中同种氨基酸的2.5 ~ 9倍（冯懿挺等，2004）。

种子多而大，长约0.5厘米，千粒重6.7 ~ 7.3克，每果实种子24粒，出籽率3.4%，种子出油率31%，果实出油率1%；种子油中含84%以上为不饱和脂肪酸，其中50%为α-亚麻酸，11.4%为亚油酸，23%为油酸，0.1%为角鲨烯。

第十节　白背叶猕猴桃 *Actinidia hypoleuca* Nakai

原产于日本，落叶藤本。

雄花为聚伞花序，每花序有2 ~ 4朵花，花乳白色，花蕊黑色；雌花每序1 ~ 2朵花，花冠中部略带红色，花径1.2厘米 ×1.2厘米，花瓣5片，倒卵圆形，每朵花有花丝34 ~ 36枚，花药灰褐色呈箭头形，花萼红色。果实长卵圆形，果顶有喙，平均果重4 ~ 5克，果面绿褐色，光滑无毛，果肉浅绿色，为观赏品种和育种亲本。开花期4月20 ~ 25日，果熟期9月中旬（图3-56，图3-57）。

在湖北武汉，表现为树弱，结果少，果实于7月底至8月初成熟，平均单果重4 ~ 5.5克，最大果重9.8克，最小果重3克，纵横侧径分别为25毫米、18毫米、16毫米，果实为扁圆柱形，果肩平或斜，果顶有喙，突出。果面光滑，软化后变红色，轻微失水起皱，风味很酸，微涩。采后2天开始软，到第八天全软。软熟果实可溶性固形物11.0%，维生素C 7.5毫克 /100克，非常低。

一年生枝棕褐色，二年生以上老枝灰褐色，髓片层状，呈黄白色。叶片革质，披针形，长约13厘米，宽约7厘米，叶顶端渐尖，基部楔形，叶边缘细锯齿；叶面绿色，无毛；叶背面灰绿色，侧脉6对；叶柄红色，长约7 ~ 9厘米。

在湖北武汉，3月初萌芽，4月下旬至5月初开花，果实于7 ~ 8月成熟，10月落叶休眠。

图3-56　白背叶猕猴桃雄花

图3-57　白背叶猕猴桃结果状

下篇　猕猴桃品种资源

- 美味猕猴桃
- 中华猕猴桃
- 软枣猕猴桃、毛花猕猴桃和大籽猕猴桃

猕猴桃的驯化栽培仅有约 110 年的历史，最初前 50 年的猕猴桃品种主要是新西兰 1904 年从我国引入猕猴桃种子后经过实生选育而来，包括‘海沃德’(Hayward)、‘蒙蒂’(Monty)、‘艾莉森’(Allison)、‘布鲁诺’(Bruno) 和‘艾伯特’(Abbott) 等。20 世纪 70 年代逐渐由‘海沃德’品种垄断，形成了全球猕猴桃产业仅依赖单一品种的格局。我国从 20 世纪 70 年代末开始的猕猴桃资源调查及新品种选育工作改变了世界猕猴桃产业的品种结构。1978 ~ 1992 年的十余年间，我国从美味猕猴桃、中华猕猴桃及软枣猕猴桃野生群体中筛选出了 1450 多个优良单株 (崔致学，1993)。这些野生优良株系经过遗传评价、初选、复选、区域实验和果园栽培实验等，确定了一批以中华猕猴桃为主的优良品种，其中中华猕猴桃品种有 46 个、美味猕猴桃品种有 11 个，后续仍有 200 多个优良株系在进一步筛选中。此次全国资源普查成为近代果树品种选育史上立足本土丰富的自然资源，直接从野生群体中进行大规模品种选育和改良最为典型的案例，对此后 20 多年中国及世界猕猴桃产业的品种结构及产业发展产生了深远的影响 (黄宏文，2009)。

世界猕猴桃产业的品种格局正发生深刻改变，传统绿肉猕猴桃为主导的市场格局逐步转变为绿、黄、红多种果肉颜色并存的局面。绿肉猕猴桃品种大部分属于美味猕猴桃，例如‘海沃德’、‘金魁’、‘秦美’等；黄肉猕猴桃品种主要是中华猕猴桃品种，但不同品种果肉颜色存在深浅差异，包括黄白色、浅黄色、橙黄色、金黄色等多种颜色，且果实的成熟度也会影响颜色的深浅，如商品化栽培的黄肉品种‘金桃’、‘金艳’及‘Hort16A’等；红心猕猴桃品种基本属于中华猕猴桃变种或变型，其果心周围有一红色环带，环带的强度、宽度及花青素含量因株系或品种及生长环境而异，目前栽培较为广泛的为‘红阳’。但从全球贸易看，国际猕猴桃市场上绿色果肉品种依然占主导地位，占市场贸易的 90% 左右，黄色果肉的品种大约占 10%。在中国情况有所不同，绿肉美味系类品种占 70%，而兼具黄色及红色果肉的中华猕猴桃品种占 25% 以上，且中华猕猴桃品种种植面积在迅速扩张。而从全球种植规模看，包括中国在内的世界猕猴桃种植面积大约 15% 为中华猕猴桃，85% 为美味猕猴桃。中国猕猴桃种植的品种及面积正在改变全球猕猴桃的栽培种类及品种结构 (Belrose Inc., 2013)。

猕猴桃栽培由于周期长，品种更新慢，传统的‘海沃德’品种仍占全球种植面积的约 80%。近年来除我国猕猴桃新品种培育数量大、新品种更新快外，新西兰和意大利作为两个主要的生产大国在新品种培育方面也取得了长足进展。如：意大利的‘Summerkiwi’、‘Soreli’、‘Top Star’等若干新品种开始少量栽培；新西兰 Zespri 公司从 2000 年以来也以 ZESPRI GOLD Kiwifruit (新西兰金奇异果) 推广了‘Hort16A’黄肉新品种。目前全球主栽黄肉品种有‘Hort16A’、‘金桃’(Jintao) 和‘金艳’。2011 年新西兰黄果‘Hort16A’的出口量约占本国猕猴桃出口量的 22%，即达到国际猕猴桃市场交易量的 6% ~ 7%，但目前因为该品种对猕猴桃溃疡病抵抗性较弱，已经面临淘汰的危险。‘金桃’是目前中国以外广泛栽培的黄肉主栽品种。在欧洲，‘金桃’商业化生产首先起步于意大利种植的 500 公顷，以后拓展到南美洲的智利和阿根廷。‘金艳’则是目前中国种植面积最大的黄肉品种，目前已发展到数万公顷。新西兰为维持在猕猴桃新品种的传统优势地位，近些年尝试性向市场推广了‘Green14’、‘Gold 3’和‘Gold 9’等品种或株系，但目前还无法评估其市场前景 (Belrose Inc., 2013)。

与新西兰 (90% 出口) 及意大利 (75% 出口) 等以出口导向型国家不同，中国的猕猴桃产业主要供应国内市场，因而中国不同于其他国家由于出口压力必须规范化 1 ~ 2 个主栽品种以满足出口商品的苛刻要求，所以中国猕猴桃品种多样化及区域化的趋势非常明显 (表 4-1)，这与中国前期基于丰富的种质资源所选育品种在当地大量种植有关。随着消费市场的竞争驱动，猕猴桃商业栽培的品种也逐渐集中到少数的主栽品种。例如，我国 20 年前曾经有约 50 个猕猴桃品种用于栽培生产，目前则集中于 10 个主栽品种。近几年推出的耐贮优质黄肉品种‘金艳’，因果实综合商品性突出、果实极耐贮藏、货架期长等优势，在短短几年内得到迅速发展。

猕猴桃雄性授粉品种作为猕猴桃栽培的辅助品种长期以来没有被足够重视，随着科研及产业化进程，发现授粉品种对果实品质等关键性状存在影响，因而雄性授粉品种的种类、花期及授粉效果等的研究逐步加强。大多数雄性授粉品种是从果园的实生苗中或野生群体中选育的，少数是育种计划的副产品。未来猕猴桃产业发展，要求对每个新的雌性品种选育出特定的授粉品种以保证最佳的授粉效果。最新研究发现四倍体与二倍体中华猕猴桃品种开花分别比六倍体提早约 2 周和 4 周，所以一般需要配置倍性水平一致的授粉树来确保充分授粉。四倍体‘磨山 4 号’是我国第一个国家级审定的猕猴桃授粉品种，因其花期长达 20 天、花量大及花粉萌发率高等特点已成为我国多数雌性品种的授粉品种。整体而言，我国授粉品种的选育相对滞后，今后的科研及产业化发展中需要加大对雄性授粉品种的研发。

通过广泛而深入的猕猴桃野生资源调查，我国拥有了一批优良品种和品系的资源积累，以品种研发为基础，我国猕猴桃产业得以迅速崛起，由1978年的零起步，经过30多年的筚路蓝缕，发展到目前栽培面积和年产量分别占全球总量的45%和27%。中国猕猴桃产业在30多年时间里经历了国外猕猴桃百年的发展历程。中国作为猕猴桃自然资源和栽培生产双重大国，合理利用我们所拥有的这批珍贵种质资源，将更加深远地影响全球猕猴桃产业和科研的可持续发展。本书收集整理国内30多年间通过野生选优、实生选种和杂交育种等方法选育的优良品种或品系及从国外引进的品种（系），按美味猕猴桃、中华猕猴桃、软枣猕猴桃和毛花猕猴桃逐一介绍如下。

表4-1 2012年中国区域内猕猴桃主栽品种所占比例和主要种植区域

品种	所占比例（%）	主要种植区域
‘海沃德’	30	陕西、河南、贵州、四川、湖北、浙江、安徽和云南
‘红阳’	15	四川为主，其他省份有少量栽培
‘徐香’	10	陕西为主，河南、浙江等其他省份有少量栽培
‘秦美’	7～8	陕西周至县为主，贵州、河南和山东等有少量栽培
‘米良1号’	6～8	湖南为主，福建、广东、江西和湖北有少量栽培
‘金魁’	6～8	湖北、江西、福建、安徽和山东
‘金艳’	5～6	四川为主，重庆、陕西、河南等地有少量栽培
‘贵长’	2	贵州
‘布鲁诺’	2	浙江
‘哑特’	1	陕西
其他	10～16	

注：数据来源于2010年中国园艺学会猕猴桃分会在成都主办的第四届学术会议及2011～2012年对部分产区的调查核实数据。

第四章 美味猕猴桃

第一节　主栽品种

1 海沃德

Hayward

'海沃德'来源于新西兰人1904年从我国湖北宜昌引进的美味猕猴桃种子的实生后代。1924～1925年，新西兰奥克兰Avondale苗圃商人Hayward Wright得到那批种子最早植株的果实，收集种子并培育了一批实生苗，于20世纪30年代早期，从中选到1株大果型的优株，取名'Wright's Large Oval'，后为纪念育种者被命名为'Hayward'（海沃德）(Mouat, 1958)。'海沃德'早在20世纪30年代后期开始向种植者推介，由于其优美的果实外观、特别的风味和突出的耐贮性而被迅速推广。至1975年，'海沃德'取代其他新西兰早期品种成为猕猴桃生产的主导品种和唯一推荐出口的品种。随后，其他国家开始种植，该品种成为首选，不久成为国际贸易中唯一的产品。至今仍占全球栽培面积的80%。1980年引进我国种植，虽然栽培面积由初期的100%逐步减少，但仍是我国商业栽培的主栽品种。

果实广卵形或宽椭圆形，平均果重80～120克，密被褐色硬毛。果肉绿色，果心（中轴）较小，肉汁多甜酸，含可溶性固形物12%～18%、总糖10%、有机酸1.0%～1.6%、维生素C 48～120毫克/100克鲜重，果肉尚未完全软化也可食用，味稍淡，但香气浓。果实耐贮藏且货架期长，室温下可贮藏30天左右。在武汉植物园种植，平均果重90克左右，果实极耐贮藏，硬果后熟需要49天，软熟（硬度1.0千克/平方厘米）果实含可溶性固形物14%、总糖8%、有机酸1.6%、维生素C 58毫克/100克鲜重（图4-1，图4-2）。

该品种长势旺盛，在河南西峡，萌芽率38%，果枝率60%，坐果率76%。生长良好的结果母枝能萌发3～6个结果枝，能连续抽生2～4年；结果枝一般着生于结果母枝的第2～8节，但以第3～5节居多。以长果枝结果为主，长果枝占总果枝的62%。在一般管理水平下，嫁接苗定植后第三年开花株率52%，5年生树平均株产16千克，盛果期平均株产27～36千克。比其他品种更不耐干旱和渍涝（聂勇波等，2009）。

在湖北武汉（北纬30° 37′，东经114° 8′，属典型大陆性气候，冬天较冷，1月平均气温7.7～1.1℃，夏天气温高，7月平均气温33.8～25.6℃），3月中旬萌芽，4月中旬展叶，5月上旬开花，花期7天左右，10月中旬果实成熟。配套雄性品种是'Chieftain'和'Matua（马图阿）'。

图4-1　'海沃德'结果状

图4-2　'海沃德'果实及切面

2 徐香
Xuxiang

由江苏省徐州市果园于1975年从北京植物园引入的美味猕猴桃实生苗中选出,1990年11月通过省级鉴定(卫行楷,1993)。

果实圆柱形，整齐，平均果重70～110克，果皮黄绿色，被黄褐色茸毛，梗洼平齐，果顶微突。果肉绿色，汁液多，肉质细嫩，具草莓等多种果香味，酸甜适口，含可溶性固形物13%～20%、总糖12%、总酸1.3%、维生素C 99～123毫克/100克鲜重；果实在室温下可存放30天左右，耐贮藏。在武汉植物园种植，平均果重50克左右，硬果后熟需要20天，较耐贮藏，软熟(硬度0.4千克/平方厘米）果实含可溶性固形物14%，总糖14%，有机酸1.0%，维生素C 100毫克/100克鲜重(图4-3，图4-4)。

植株生长健壮，嫩枝绿褐色，一年生枝灰褐色，多年生枝深褐色，皮孔椭圆形，凸起明显；叶片大，倒卵形，叶面绿色有光泽，背面密被灰褐色短茸毛。花单生或3花聚伞花序。以短果枝结果为主，嫁接苗定植第二年开花株率达68%，第四年株产18千克。

在江苏北部、上海郊县、山东、河南等黄淮地区引种栽培，表现良好，适应性强，在碱性土壤条件下，叶片黄化和叶缘焦枯较少。

在湖北武汉，3月上中旬萌芽，4月下旬至5月初开花，花期7天左右，10月下旬果实成熟。配套雄性品种是‘徐州75-8’和‘磨山4号’。

3 秦美
Qinmei

原代号为‘周至111’，由陕西省果树研究所和周至县猕猴桃试验站联合从陕西周至县野生资源中选出，1981年嫁接繁殖，1986年11月通过省级鉴定(崔致学，1993)。

果实椭圆形，平均果重100克，果皮绿褐色，较粗糙，果点密，柔毛细而多，手触即落，萼片宿存。果肉淡绿色，质地细，汁多，味香，酸甜可口，含可溶性固形物14%～17%、总糖11%、有机酸1.6%、维生素C 190～243毫克/100克鲜重(图4-5，

图4-3 ‘徐香’结果状

图4-5 ‘秦美’结果状

图4-4 ‘徐香’果实及切面

图4-6 ‘秦美’果实切面

图 4-6）。耐贮性中等，常温条件下可存放 15 ~ 20 天。在武汉植物园种植，平均果重 70 ~ 80 克，硬果后熟需要 15 天，软熟（硬度 0.5 千克 / 平方厘米）果实含可溶性固形物 15%、总糖 10%、有机酸 1.4%、维生素 C 140 毫克 /100 克鲜重。

植株长势较强，萌芽率 40% ~ 60%，幼枝红褐色，密生灰褐色柔毛，老茎深褐色无毛。叶片椭圆形，大而纸质，边缘有刺状齿，叶正面深绿色，仅叶脉有疏毛，叶背面除主脉外，密生灰棕色星状毛。花较大，多单生。结果枝多从结果母枝基部第 3 ~ 5 芽抽生，具有 2 ~ 3 年的连续结果能力。以短果枝结果为主，一般每果枝着果 1 ~ 3 个，极个别的出现 4 个。嫁接苗定植第三年株产 10 千克，最高株产 50 千克。

该品种适应性和抗逆性均强，抗旱性中等，抗寒性较强，适应湖北北部丘陵山区及类似区域推广。

在湖北武汉，3 月中旬萌芽，4 月中旬展叶，4 月下旬至 5 月初开花，花期 3 ~ 5 天，9 月中旬果实成熟。配套雄性品种是‘磨山 4 号’和‘磨山雄 3 号’。

图 4-7 ‘米良 1 号’结果状

图 4-8 ‘米良 1 号’果实切面

4 米良 1 号

Miliang No.1

由湖南吉首大学从湖南湘西野生猕猴桃资源中选育而成，1989 年 10 月通过省级品种鉴定，1995 年通过省级品种审定（石泽亮等，1990；王伟成，1995）。

果实长圆柱形，美观整齐，平均果重 87 ~ 110 克，果皮棕褐色，被长茸毛，果顶呈乳头状突起。果肉黄绿色，汁液多，酸甜适度，风味纯正具清香，含可溶性固形物 15% ~ 18%、总糖 7%、有机酸 1.5%、维生素 C 152 毫克 /100 克鲜重。果实在室温下可贮藏 20 ~ 30 天，耐贮性强。在武汉植物园种植，平均果重 50 ~ 70 克，软熟（硬度 2.3 千克 / 平方厘米）果实含可溶性固形物 16%、总糖 10%、有机酸 1.4%、维生素 C 141 毫克 /100 克鲜重（图 4-7，图 4-8）。

植株长势旺，一年生枝灰褐色，皮孔稀而大，近圆形。嫩梢黄绿色，被黄红色茸毛。叶片近圆形，颜色浓绿有光泽，叶缘有芒状针刺，主侧脉明显突起。花单生或序生，成花容易，在雄株充足的情况下，自然授粉坐果率 90% 以上。嫁接苗定植第二年普遍挂果，第五年株产 29 千克以上。在不同立地条件试栽，表现出抗逆性强的特点，特别是抗旱性和抗病虫能力，适宜栽培地区广泛。

在武汉，3 月上旬萌芽，4 月下旬开花，10 月下旬果实成熟。配套雄性品种是‘帮增 1 号’和‘磨山 4 号’。

5 金魁（鄂猕猴桃1号）
Jinkui

由湖北省农业科学院果树茶叶研究所从湖北竹溪县野生猕猴桃优株'竹溪2号'的种子播种后代选育而成，1993年通过省级品种审定（陈庆红，2002）。

果实阔椭圆形或圆柱形，平均果重100克以上，果顶平，果蒂部微凹；果面黄褐色，茸毛中等密，棕褐色，少数有纵向缢痕。果肉翠绿色，汁液多，风味特浓，酸甜适中，具清香，果心较小，含可溶性固形物18%～26%、总糖13%、有机酸1.6%、维生素C110～240毫克/100克鲜重；果实耐贮性强，室温下可贮藏40天。在武汉植物园种植，平均果重75～90克，果实极耐贮藏，硬果后熟需要35天，软熟（硬度0.4千克/平方厘米）果实含可溶性固形物19%、总糖13%、有机酸1.4%、维生素C 131毫克/100克鲜重（图4-9，图4-10）。

图4-9 '金魁'结果状（由陈庆红提供）

图4-10 '金魁'果实及切面（由陈庆红提供）

树势生长健壮，萌芽率32%。一年生枝棕褐色，节间短，二年生枝灰褐色，主干灰褐色，树皮纵状裂；叶片厚，角质层厚，叶柄短。结果枝在结果母枝的第2～5节，多以单果着生。嫁接苗定植后第二年开始结果，在一般管理条件下，株产可达21千克，在湖北江汉平原种植的三年生树株产达34千克。

在武汉，3月上旬萌芽，4月底至5月上旬开花，10月底至11月上旬果实成熟。配套雄性品种是'磨山雄3号'和'磨山4号'。

6 贵长
Guichang

原代号是"黔紫82-3"，是1982年贵州省果树研究所在贵州紫云县野生资源调查时发现的优良品系，现已成为贵州主栽品种之一（金方伦等，2009）。

果实长圆柱形，平均果重85克，果顶椭圆，微凸；果皮褐色，有灰褐色较长的糙毛。果肉淡绿色、肉质细、脆，汁液较多，甜酸适度，清香可口，含可溶性固形物12%～16%、有机酸1.5%、维生素C 110毫克/100克鲜重，品质优，是鲜食与加工兼用品种（图 4-11，图 4-12）。

植株树势强，萌芽率为 68%，结果枝率 92%。高接在 5 年生砧木上，第二年即可结果，平均株产 6 千克，最高株产 7.5 千克；嫁接苗定植后第三年部分结果，第五年进入盛果期。抗逆性表现在抗缺素症（黄化病）强，抗病、抗虫性较强，同时抗低温、抗旱、抗裂果。

该品种适应性强，在贵州海拔 800 ~ 1500 米的范围内，无论平地、山地和坡地栽植生长结果均良好。

在黔北地区，3 月中旬萌芽，4 月下旬至 5 月上旬开花，9 月下旬至 10 月上旬果实成熟。

7 布鲁诺

Bruno

新西兰选育，是新西兰苗圃商人布鲁诺·贾斯（Bruno Just）1920 年从实生苗圃中偶然发现的优良雌株。1930 年由布鲁诺推广栽培，因果实细长，又名长果（Long Fruited），1980 年引进我国。

果实长椭圆形或长圆柱形，果顶稍大于果基。平均果重 90 ~ 100 克，果皮褐色，被褐色粗长硬毛，不易脱落（图 4-13，图 4-14）。果肉翠绿色，果心小，汁多，味甜酸，含可溶性固形物 14% ~ 19%、维生素 C 166 毫克 /100 克鲜重。果实耐贮，货架期长，该品种最适于作糖水切片罐头，切片利用率高，切片美观（包日在等，2002）。在武汉植物园种植，平均果重约 65 克，果实极耐贮藏，硬果后熟需要 46 天，软熟（硬度 1.0 千克 / 平方厘米）果实含可溶性固形物平均为 15%、总糖 9%、有机酸 1.5%、维生素 C 平均为 110 毫克 /100 克鲜重，风味微甜。

植株生长势强，花多为单生，丰产性强，盛果期株产达 20 ~ 27 千克，适应性广，栽培容易。在武汉地区，3 月中、下旬萌芽，4 月底至 5 月上旬开花，10 月下旬果实成熟。配套雄性品种是‘磨山 4 号’。

图 4-11 ‘贵长’结果状（由张瑜华提供）

图 4-13 ‘布鲁诺’结果状

图 4-12 ‘贵长’果实及切面

图 4-14 ‘布鲁诺’果实及切面

8 哑特

Yate

由陕西省周至县哑柏镇昌西村商慎明和西北植物所等选育而成，1998年通过省级品种审定（雷玉山等，2010），在陕西周至发展面积较大，成为当地主栽品种之一。

果实圆柱形，果皮深褐色，茸毛较硬，平均果重87克。果肉翠绿色，肉质较细，汁多，有香味，酸甜适口，青岛生产的果实含可溶性固形物15%～17%，维生素C 120～220毫克/100克鲜重（图4-15）。该品种其抗逆性强，耐高温干旱，耐北方干燥气候，适合北方栽培（宫象晖等，2004）。

在山东青岛崂山，10月下旬至11月上旬果实成熟。

9 翠香

Cuixiang

由西安市猕猴桃研究所和周至县农技试验站于1998年从野生猕猴桃资源中选育，于2008年3月通过省级品种审定（吕俊辉等，2009）。

果实长纺锤形，果顶端较尖，整齐，平均果重92克，果皮较厚，黄褐色，难剥离；稀被黄褐色硬短茸毛，易脱落。果肉翠绿色，质细多汁，甜酸爽口，有芳香味，果心细柱状，白色可食，含可溶性固形物8%～12%、总糖3%、有机酸1.2%、维生素C 99～185毫克/100克鲜重（图4-16，图4-17）；成熟采收的果实在室温条件下后熟期12～15天，0℃条件下可贮藏3～4个月。

该品种生长势强，萌芽率60%～70%，结果枝率80%以上。幼芽枝叶紫红色，茸毛红色，密而长。多年生枝褐色，有明显小而稀疏的椭圆形皮孔，无茸毛。花单生，每节着生1个，一般有3～6个。结果枝从基部第2～3节抽生，以中果枝结果为主，占总果枝数的60%，长、短果枝各占20%。

嫁接苗定植后第三年始花结果，第四年平均株产9千克，盛果期平均株产20～23千克。为了确保果品质量，株产宜控制在20～27千克。品种适应性广，抗寒，抗日灼，较抗溃疡病。

在陕西周至县，3月中旬萌芽，4月下旬至5月上旬开花，9月上旬果实成熟。

图4-17 ‘翠香’果实及切面（由陕西王西锐提供）

图4-15 ‘哑特’结果状

图4-16 ‘翠香’结果状

第二节 优良品种

1 川猕1号

Chuanmi No.1

由四川省自然资源研究所和苍溪县农业局等单位选育而成，2002年通过省级品种审定。

果实椭圆形，整齐，平均果重76克，果皮浅棕色，易剥离。果肉翠绿色，果心大，质细多汁，甜酸味浓，有清香，含可溶性固形物14%、有机酸1.4%、维生素C 124毫克/100克鲜重，质优。果实在常温下可贮存15～20天（朱鸿云，2002）。果实以鲜食为主，又可作为加工原料。在武汉植物园种植，平均果重50克左右，硬果后熟需要16天，软熟（硬度0.5千克/平方厘米）果实含可溶性固形物16%、总糖10%、总酸1.5%、维生素C 53毫克/100克鲜重（图4-8，图4-9）。

图4-8 ‘川猕1号’结果状

图4-9 ‘川猕1号’果实切面

植株生长势强，萌芽率74%，结果枝率88%。枝条浅褐色，幼嫩时有浅褐色硬毛，多年生枝深褐色；叶片椭圆形，叶背密被灰白色茸毛，叶柄紫红色。花序多3花，花序多生于结果枝的1～7节上，结果枝着生在结果母枝的5～18节。坐果率84%，以中短果枝结果为主。嫁接苗定植后第二年开始结果，平均株产为13～20千克，最高株产可达30千克。

在湖北武汉，3月上旬萌芽，4月下旬至5月初开花，10月上旬果实成熟，11月下旬至12月上旬落叶。配套雄性品种是‘磨山雄3号’和‘磨山4号’。

2 三峡1号（鄂猕猴桃4号）
Sanxia No.1

由湖北省兴山县成人中等专业学校和湖北省农科院果树茶叶研究所等单位联合从湖北兴山县野生猕猴桃资源中选育而成，1989年被湖北省品种会评为猕猴桃优良品系并初步定名为‘三峡1号’。2007年通过省级品种审定，更名为‘鄂猕猴桃4号’（周民生等，2008）。

果实圆柱形，果顶平，整齐美观，平均果重91克，果皮黄褐色，密被暗灰色中长茸毛，成熟时易脱落，果点明显。果肉绿色，质地细嫩，汁多，种子少，酸甜适度，香气浓，风味佳，含可溶性固形物13%～16%、总糖8%、有机酸1.6%、维生素C 60毫克/100克鲜重。果实不耐贮存，室温条件下可贮藏7～10天。在武汉植物园种植，平均果重93克左右，硬果后熟需要16天，软熟（硬度0.4千克/平方厘米）果实含可溶性固形物14%、总糖10%、有机酸1.3%、维生素C 40毫克/100克鲜重（图4-20，图4-21）。

树势极强，一年生枝灰褐色，叶正面平整，叶柄黄褐色；花为聚伞花序，结果枝多着生在结果母枝的第2～12节，以中短果枝结果为主。嫁接苗定植第三年全部开花结果，第五年平均株产达28千克。

在湖北武汉，3月上旬萌芽，4月下旬开花，花期7～10天，10月中旬果实成熟，落叶期11月下旬至12月上旬。配套雄性品种是‘磨山4号’。

图4-20 ‘三峡1号’结果状

图4-21 ‘三峡1号’果实及切面

3 红美
Hongmei

由四川省自然研究所和苍溪猕猴桃研究所从野生美味猕猴桃实生苗中选育而成，2004年10月通过省级品种审定（王明忠等，2005）。

果实圆柱形，果顶微凸，平均果重73克，果皮黄褐色，密生黄棕色硬毛，少数有纵向缢痕，整齐。果肉7月初开始变红，种子外侧果肉红色，横切面红色素呈放射状分布，可直达果实两端。肉质细嫩，微香，口感好，易剥皮，含可溶性固形物19%、总糖13%、有机酸1.4%、维生素C 115毫克/100克鲜重（图4-22，图4-23）。

该品种树势强健，生长量大，一年生枝长可达6米，成枝力强。新梢黄绿色，其上密生黄棕色糙毛，成熟时糙毛脱落；一年生枝褐色。叶片近圆形，叶面浓绿，有光泽，叶背灰绿，有绒毛。花量大，单花为主，占70%；以中短果枝结果为主，花芽起始节位在结果母枝的第1～2节，多为第二节；盛产期平均株产20千克左右。适宜种植在夏季冷凉区域，有利于果肉着红色；抗病虫害能力较强，但对旱、涝、风的抵抗力较差。

在四川北部海拔1000米的山区，3月上旬萌芽，5月上旬至中旬开花，10月果实成熟采收。

图 4-22 ‘红美’结果状（四川余中树提供）

图 4-23 ‘红美’果实及切面（四川余中树提供）

4 和平 1 号
Heping No.1

由广东省和平县水果研究所和仲恺农业技术学院生命科学院共同从引进品系‘东山峰 78-16’（引自湖南省东山峰农场）中选育而成，2005 年通过省级品种审定（刘忠平等，2006）。

果实圆柱形，大小均匀，平均果重 80 克，果柄长达果实长度的 4/5 以上（图 4-24，图 4-25）。果肉绿色，果实风味香甜，含可溶性固形物 13% ~ 15%、总糖 8% ~ 11%、维生素 C 130 ~ 140 毫克 /100 克鲜重。果实耐贮藏。在武汉植物园种植，平均果重约 63 克，果实耐贮藏，硬果后熟需要 26 天，软熟（硬度 1.1 千克 / 平方厘米）果实含可溶性固形物 16%、总糖 9%、有机酸 1.4%、维生素 C 40 毫克 /100 克鲜重。

植株生长旺盛，节间较长，叶片大而厚，嫁接第二年开始挂果，嫁接第三年株产可达 7.5 千克，进入盛果期株产达 10 ~ 16 千克。适应性广，只要冬季低于 5℃天数达到 16 天，就能正常开花结果，并表现出较好的抗逆性。

在湖北武汉，3 月上旬萌芽，4 月底至 5 月初开花，10 月中旬果实成熟。配套雄性品种是‘磨山 4 号’。

图 4-24 ‘和平 1 号’结果状

图 4-25 ‘和平 1 号’果实及切面

5 海艳
Haiyan

由江苏省海门市三和猕猴桃服务中心从野生猕猴桃实生苗中选育而成，于2010年9月通过省级品种审定（张洪池等，2011）。

果实长圆柱形，均匀一致，平均果重90克，果皮青褐色，有短硬毛，不易脱落，果皮较厚。果肉绿色，汁液多，甜味浓，有香气，含可溶性固形物18%、总糖3%、总酸1.1%、维生素C 72毫克/100克鲜重（图4-26，图4-27）。果实在室温下后熟期12天，货架期8～12天，在1～5℃条件下可贮藏3个月，果实可延至10月中旬采收。

植株树势较强，萌芽率85%～90%，结果枝率80%。一年生枝条褐色或黄褐色，密被褐色糙毛，多年生枝暗褐色，粗糙无毛，节间短。以单花为主，少数为序花，以中长果枝结果为主，占总果枝的80%以上，结果枝从结果母枝基部第2～3节开始坐果，结果枝坐果3～7个，坐果率95%以上。嫁接苗定植第二年始果，第三年株产可达5～10千克，第五年进入盛果期，平均株产约35千克，最高株产可达75千克。

该品种适应碱性较重的土壤，抗风力强，其果柄特短，不能摆动，即使有强台风经过，果面也不会碰伤擦伤，较耐瘠薄，对根结线虫病、叶斑病、果腐病等均有较强的抗性，具有高产、稳产的性能。

在江苏海门地区，3月上旬萌芽，5月中旬开花，8月中下旬果实成熟，11月上旬落叶。

图4-26 ‘海艳’结果状

图4-27 ‘海艳’果实及切面（由江苏张洪池提供）

6 金硕
Jinshuo

由湖北省农业科学院果树茶叶研究所从美味猕猴桃资源中实生选育而成，于2008年申请农业部植物新品种保护，2009年12月通过省级品种审定（顾霞等，2010）。

果实长椭圆形，整齐美观，平均果重120克，果肩圆，果顶凸；果皮黄褐色，绒毛柔软较密，果点小，果柄短粗，果实后熟后果皮易剥离，食用方便（图4-28，图4-29）。果肉绿色，果心长椭圆形，浅黄色，肉质细腻，风味浓，含可溶性固形物17%、总糖9%、有机酸1.8%、维生素C 70～100毫克/100克鲜重。果实耐贮性较强，常温条件下可贮藏20～30天。

植株生长势强，萌芽率38%，果枝率64%，主干灰褐色，一年生枝红褐色，叶片革质，颜色浓绿，嫩叶黄绿色。花有单花、双花和三花，以单花居多，占80%以上，花冠大，有浓郁的花香味。以短果枝结果为主，结

图 4-28 ‘金硕’结果状（由张蕾提供）

图 4-29 ‘金硕’果实及切面（由张蕾提供）

果枝的第 1 ~ 7 节均可开花坐果，以 2 ~ 5 节为多，占总坐果节位的 85%，每个果枝平均坐果 8 个左右。

在湖北武汉，2 月下旬至 3 月上旬萌芽，4 月中下旬至 5 月上旬开花，10 月上中旬果实成熟，11 月下旬至 12 月上旬落叶。

放 5 个月。

植株树势强健，萌芽率 70% ~ 80%，结果枝率 89% ~ 95%；一年生枝略显灰褐色，被灰色绒毛，芽体饱满，多年生枝灰褐色；叶片大，半革质，近圆形，绿色，有光泽，叶背密被白色绒毛。花为单花，约占 80%。以中果枝结果为主，中果枝占总果枝的 58% ~ 63%，着果部位在结果枝的第 3 ~ 8 节。

植株适应性强，抗黄化能力优于‘秦美’，枝条抗溃疡病能力优于‘秦美’和‘海沃德’。适宜在长江以北猕猴桃生产区栽培发展。

在陕西眉县，3 月中旬萌芽，5 月上中旬开花，果实 9 月中旬成熟。

7 金香

Jinxiang

由陕西省眉县园艺站与陕西省果树研究所、陕西海洋果业食品有限公司等单位，经过 13 年选育推广出的一个中晚熟优良品种，原名‘95-1’，2004 年 3 月通过省级品种审定，正式定名为‘金香’（严平生等，2007）。

果实椭圆形，果形美观整齐，平均果重 90 克，梗洼浅，果顶凹陷，果皮黄褐色，密生金黄色短绒毛；果肉绿色，细腻，汁多，风味酸甜，清香可口，含糖量高，含可溶性固形物 14% ~ 15%、总糖 9% ~ 13%、维生素 C 71 毫克 /100 克鲜重（图 4-30）。果实耐贮藏，货架期长，常温下可贮藏 20 ~ 25 天以上，低温下果实可存

图 4-30 ‘金香’结果状

8 蜜宝1号
Mibao No.1

由河南省焦作市农业科学研究所从野生猕猴桃资源中选育而成，于2006年2月通过省级品种审定（吴放等，2006）。

果实倒梯形，整齐美观，平均果重53克，果顶平齐，顶洼凹入，果基微凹，萼片宿存或半宿存，果皮褐色，茸毛较硬，棕色，密生，成熟后部分脱落。果肉翠绿色，果心小，中轴胎座质地柔软，肉质鲜嫩可口，汁多，味甜微酸，风味浓郁清香，口感好；含可溶性固形物18%、总糖15%、总酸1.5%、维生素C 138毫克/100克鲜重。果实耐贮藏，常温（10～20℃）下38天内不变质，24℃下可贮藏18天，冷库贮藏4个月损果率不超过3%。

植株长势健旺，树冠成形快，萌芽率高，成枝力强，果枝率高，初结果树果枝率65%，成年树果枝率94%。一年生枝蔓褐色；叶近圆形，叶片厚，较小，叶面平展，浓绿色、有光泽，叶缘锯齿较稀疏。花冠大，花瓣6枚。每个果枝可坐果3～5个，以中短果枝结果为主，一年生枝与上年生枝均可结果，其徒长果枝最长4.3米，旺盛果枝最长2.8米，结果枝自动封顶，无需打顶。

嫁接苗栽后第二年开始结果，第三年进入盛果期，平均株产24千克左右。适应性强，抗逆性强，尤其抗极端温度、抗干热风和抗高pH值土壤。在开花期耐4～5℃低温，在pH值为8左右的地方种植，均生长正常，果实品质优良。

在河南焦作地区，3月上中旬平均温度达9℃时开始萌芽，4月下旬至5月初开花，花期8天左右，10月果实成熟采收，11月下旬落叶休眠。

9 青翠（青城1号）
Qingcui

由四川省自然资源研究所等从都江堰市青城山的野生美味猕猴桃群体中选育而成，于1990年鉴定为品种，代号‘青城1号’，于1992年通过省级品种审定，更名为‘青翠’，品种编号‘川审果1号’（崔致学，1993）。

果实圆柱形，稍扁，果形整齐，平均果重77克，果皮密被棕色硬毛，软熟后毛易脱落，易剥皮。果肉翠绿色，质细多汁，酸甜适度，有浓香，含可溶性固形物14%、有机酸1.1%、维生素C 80毫克/100克鲜重（图4-31）。果实耐贮藏，在15～20℃条件下，可贮藏15～20天。

树势强壮，萌芽率85%，成枝力强，果实着生在结果枝的第2～8节，每结果枝可结果3～5个，定植后第二年有80%的植株开始结果，第三年全部植株结果，第四年进入结果盛期，平均株产达20千克以上。

在都江堰，3月中旬萌芽，5月中旬开花，10月上旬果实成熟，11月中旬落叶。

图4-31 ‘青翠’结果状（四川蒲仕华提供）

10 沁香
Qinxiang

原代号是‘东山峰79-09’，由湖南省农学院从湖南省东山峰农场海拔840米的东南山坡中美味猕猴桃野生资源中选育而成，2001年2月通过省级品种审定（王仁才等，2003）。

果实近圆形或阔卵圆形，平均果

图 4-32 ‘沁香’结果状

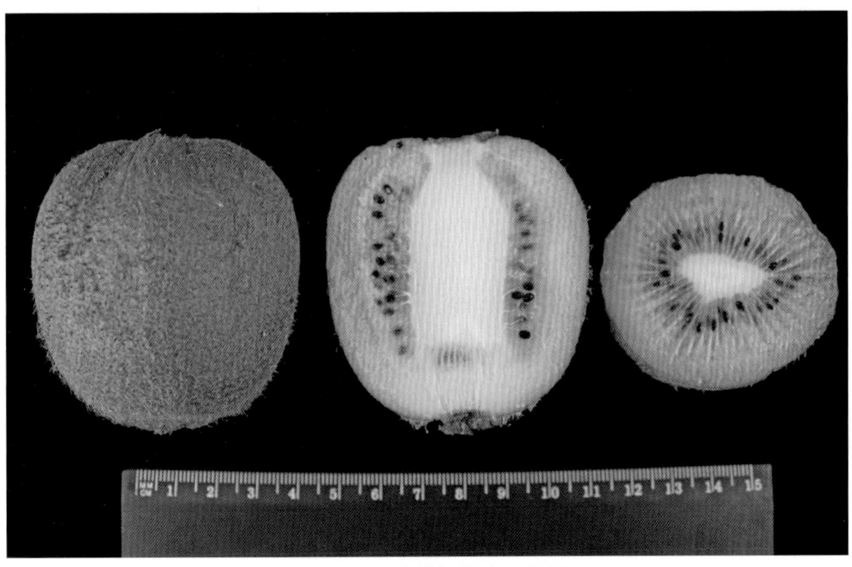

图 4-33 ‘沁香’果实及切面

重 80～95 克，果顶椭圆，果基微凹，果皮褐色，茸毛硬而长，棕色，密生，成熟时部分脱落，萼片留存或半留存。果肉绿色，果心中等大，汁液多，风味浓，含可溶性固形物 12%～18%、维生素 C 98～214 毫克 /100 克鲜重；常温（24℃）下果实贮藏期 18 天。在武汉植物园种植，平均果重 75 克左右，硬果后熟需要 17 天，软熟（硬度 0.5 千克 / 平方厘米）果实含可溶性固形物 12%、总糖 7%、有机酸 1.0%、维生素 C 130 毫克 /100 克鲜重，清香微甜（图 4-32，图 4-33）。

该品种植株长势强，萌芽率 44%～47%，果枝率 55%。一年生枝灰褐色，生长粗壮，节间较长，基部呈棕褐色，嫩梢先端带红色；叶片近圆形，较大，叶面浓绿色，有光泽。结果枝着生在结果母枝的第 5～18 节，果实多着生于结果枝的 2～3 节以上，每果枝坐果 1～5 个。嫁接苗定植后第二年开始结果，三年生植株平均株产 22 千克，成年树平均株产 27～40 千克。在不同的生态环境种植均表现了很强的适应性，较耐粗放栽培，特别是耐高温、干旱的能力强，对气温、土壤等条件适应广泛。

在湖北武汉，3 月中旬萌芽，4 月底至 5 月上旬开花，花期 5～6 天，10 月下旬果实成熟，落叶休眠期 11 月中旬。配套雄性品种是‘磨山 4 号’。

11 秋香

Qiuxiang

由陕西省西北农林科技大学园艺学院果树研究所和商南县林业局共同从陕西商南县过风楼乡野生资源中选育而成，原名‘过风楼 3 号’，于 2004 年 1 月通过省级品种审定，更名为‘秋香’（于千桂，2009）。

果实长圆形，平均果重 85 克，果面有黄褐色短茸毛。果肉绿色，质细腻，汁多，含可溶性固形物 18%、总糖 4%、有机酸 1.2%、维生素 C 40 毫克 /100 克鲜重，风味酸甜，爽口，香味浓。果实耐贮，在室温下可贮藏 21～30 天，货架期 21～28 天。

植株长势较旺，对土壤和肥水管理条件要求较高。

在陕西商南县，3 月中旬萌芽，5 月上、中旬开花，9 月上、中旬果实成熟，11 月上中旬落叶。

12 皖翠

Wancui

安徽农学院园艺系从‘海沃德’植株上选育的枝变品种，2000年11月通过省级品种审定（朱立武等，2001）。

果实扁圆柱形，较整齐，平均果重89克，成熟时果皮淡褐色，被稀疏短绒毛。果肉淡绿黄色，质细，汁多，酸甜适口，香气浓郁，品质极上，含可溶性固形物15%～18%、总糖13%、有机酸1.4%、维生素C 65～78毫克/100克鲜重。采果后室温下可存放15天，果皮不皱缩，唯皮薄不耐贮（图4-34，图4-35）。

树势较强旺，萌芽率70%，结果枝率65%～90%，果实着生在结果枝的第2～6节，4年生结果树中，短果枝约占77%，结果母枝的连续结果能力很强。嫁接苗定植第二年即可结果，每亩栽111株，第二年平均株产可达33.7千克，第四年进入盛果期（图4-18）。

在安徽中部地区，3月中旬萌芽，5月上旬开花，果实10月下旬成熟。

13 香绿

Xianglü

由日本香川县农业大学教授、猕猴桃育种家福井正夫从美味猕猴桃实生后代中选育而成。1992年3月由江苏省海门市三和猕猴桃服务中心引种。

果实倒圆柱形，整齐，平均果重86克，果顶稍大于果基，果皮密生褐色短绒毛且不易脱落，果肉翠绿色，汁液多，香甜味浓，含可溶性固形物18%、维生素C 250毫克/100克鲜重，耐贮藏，常温下一般可存放45天左右，货架期25～30天。在武汉植物园种植，平均果重70克左右，硬果后熟需要29天，软熟（硬度3.7千克/平方厘米）果实含可溶性固形物16%、总糖10%、有机酸1.8%、维生素C 63毫克/100克鲜重（图4-36，图4-37）。

树势强壮，嫩枝绿褐色，密布灰褐色短茸毛；一年生枝灰褐色，皮孔中大，黄褐色，明显；多年生枝深褐色，皮孔圆形，凸起明显，节间长。叶片大，近心形，叶面绿色有光泽，叶片背面浅绿色，叶脉明显凸起，先端突尖，

图4-34 ‘皖翠’结果状（由朱立武提供）

图4-36 ‘香绿’结果状

图4-35 ‘皖翠’果实及切面（由朱立武提供）

图4-37 ‘香绿’果实及切面

基部楔形，叶柄紫红色。易形成花芽，花为伞状花序，多3花，着生在结果枝的2～6节，短、中、长果枝及徒长性结果枝均能结果，高接大树第二年就可结果，大小年结果不明显。抗风力强，较耐瘠薄，对根线虫、叶斑病、果腐病等的抗性较强，在丘陵、山区、长江中下游平原地区均可栽植。

在湖北武汉，3月中旬萌芽，4月下旬至5月初开花，花期7天左右，10月中旬果实成熟，果实可延至11月上中旬采收。配套雄性品种是‘磨山4号’。

14 华美1号（豫猕猴桃1号）

Huamei No.1

由河南省西峡县林业科学研究所从野生资源中选育而成，是晚熟、生食和切片加工兼用的猕猴桃优良品种，原代号‘华美1号’，2000年通过省级品种审定，命名为‘豫猕猴桃1号’（朱鸿云，2002)。

果实长圆柱形，平均果重60克以上，果面黄褐色，密生刺状长硬毛，果顶微突。果肉翠绿色，味酸甜微香，含可溶性固形物11%～15%、总糖7.4%、有机酸1.1%、维生素C 150毫克/100克鲜重，是生食和加工兼用型品种，加工切片利用率高。果实在常温条件下可存放10～15天。在武汉植物园种植，平均果重52克左右，硬果后熟需要26天，软熟（硬度1.2千克/平方厘米）果实含可溶性固形物13%、总糖8%、有机酸1.7%、维生素C 100毫克/100克鲜重（图4-38，图4-39）。

植株树势强，萌芽率和成枝率均高，枝条粗壮，节间长，新梢刚抽出时为紫红色，多年生枝梢为棕褐色到暗褐色，密生灰褐色长硬毛，不易脱落；嫩叶紫红色，茸毛多，老叶深绿色，肥厚，叶背密生棕灰色星状长硬毛，叶缘波浪状、具长而密的刺毛状齿；花单生而大，以短、中果枝结果为主，一般每一果枝坐果9个。在武汉适应性强，抗逆性中等，适应范围比较广。

在湖北武汉，3月中旬萌芽，4月下旬开花，花期3～5天，10月中旬果实成熟，落叶期11月底至12月上旬。配套雄性品种是‘磨山4号’。

图4-38 ‘华美1号’结果状

图4-39 ‘华美1号’果实及切面

15 华美2号(豫猕猴桃2号)

Huamei No.2

由河南省西峡猕猴桃研究所从西峡县米坪乡石门村野生群体中选育而成，于1999年6月通过河南省科委成果鉴定，命名为‘华美2号’2000年10月通过省级品种审定，更名为‘豫猕猴桃2号’(李书林等，2001)。

果实长圆锥形，平均果重112克，皮黄褐色，密被黄棕色硬毛(图4-40，图4-41)。果肉黄绿色，肉质细，果心小，汁液多，酸甜适口，富有芳香味，含可溶性固形物9%～15%、总糖7%～9%、有机酸1.7%、维生素C165毫克/100克鲜重。果实耐贮藏，在常温下可存放30天不后熟。

植株生长势强，萌发率、成枝率均高，枝条粗壮。叶大质厚，叶卵形或阔卵形，叶面深绿色；花单生或聚伞花序；成花容易，以中长果枝结果为主，结果部位在第1～3节，每一结果枝一般坐果2～6个。嫁接苗定植第二年开花结果，丰产稳产。抗旱性、抗病性均强，多雨季节无早期落叶，干旱季节极少发生萎蔫现象。

在河南西峡县，3月下旬萌芽，5月上旬开花，9月上中旬果实成熟采收。

图4-40 ‘华美2号’结果状

图4-41 ‘华美2号’果实及切面

16 中猕1号

Zhongmi No.1

由中国农业科学院郑州果树研究所与河南西峡猕猴桃开发总公司共同从野生资源中选育而成，2003年12月通过省级品种审定(韩礼星等，2004)。

果实椭圆形，平均果重83～95克，果顶部突起，果皮褐色，密被茸毛。果肉绿色，果心小，圆形，果肉细嫩多汁，味甜，含可溶性固形物16%、总糖10%、有机酸2.2%、维生素C138毫克/100克鲜重。果实较难后熟，货架期15天左右。

植株树势强，萌芽率35%～56%，成花能力强，结果枝率90%。每果枝花序数4个，结果枝多着生在结果母枝的第5～14节。嫁接苗定植后第二年开始结果。如在河南西峡寺山，定植后第3～7年平均株产19千克，盛果期控制株产至35千克，以保证果品质量。栽培适应性强，在西峡寺山坡度约36°，无人工灌溉水肥条件下，经过1992年6～9月大旱，1993年冬季-17℃严寒、1994年春季萌芽后连续3天-3℃低温，均受害较轻，表现出较强的抗逆性。

在河南郑州地区，3月中下旬萌芽，5月初开花，10月下旬至11月初成熟。

17 马吐阿

Matua

由新西兰的哈洛德等与陶木里(Tomuri)于1950年从美味猕猴桃实

生后代中选育而成的优良雄性品种。

该品种始花早，定植第二年即可开花。花期早，花量多，每个开花母枝有158朵花，花粉量大，花期很长，约15～20天，用作早、中花期品种的授粉品种（王仁才等，2000）。

18 陶木里

Tomuri

由新西兰哈洛德·麦特和费莱契在1950年初从堤普克地区的果园里选出的优良雄性品种（王仁才等，2000）。

该品种花期较晚，花量大，每个开花母枝有44朵花，每花序3～5朵花，每朵花含花粉粒100万～150万粒，花期集中，约5～10天，一般5月中下旬开花，主要用作海沃德的授粉品种。

第三节 优良品系

1 辰蜜

Chenmi

原代号'0103'，由周至县猕猴桃试验站于1996年以'秦美'为母本、'秦雄'为父本杂交，从其杂交一代中选育而成。

果实椭圆形，平均果重90～110克，果皮黄褐色，密被刺状毛。果肉翠绿色，质细汁多，风味如蜂蜜香甜，含可溶性固形物17%、总糖9%、总酸0.7%、维生素C 68毫克/100克鲜重。果实货架期15～20天，室内常温条件下保存20～30天，0℃条件下可贮藏60～100天。

树势强健，一年生枝褐绿色，节间长；幼芽幼叶呈紫红色，成叶深绿色，较厚而大，具光泽，呈圆形；结果枝平均结果4～6个。该品种抗性强，如抗溃疡病、风害、黄化病、根腐病等；早产、丰产、耐粗放管理（图4-42，图4-43）。

在陕西周至，3月下旬至4月上旬萌芽展叶现蕾，5月上旬开花，花期5～6天，9月上旬果实成熟。

图4-42 '辰蜜'结果状

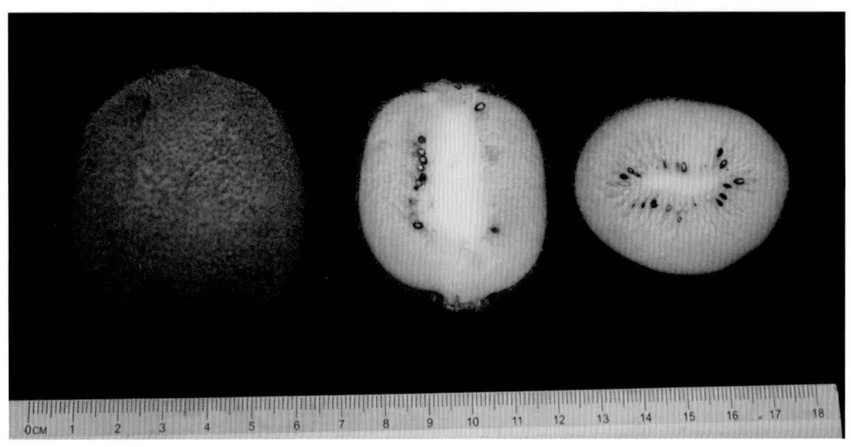

图4-43 '辰蜜'果实及切面

2 川猕 2 号
Chuanmi No.2

由四川省苍溪县农业局等于 1982 年从河南引入的野生美味猕猴桃中选出，1987 年命名（崔致学，1993）。

果实短圆柱形，略扁，较整齐，平均果重 95 克，果顶基部凸起，果皮棕褐色，果毛长硬不易脱落。果肉翠绿色，质细多汁，味甜有香气，含可溶性固形物 17%、有机酸 1.3%、维生素 C 87 毫克 /100 克鲜重（图 4-24）。果实在常温下可贮存 15 ～ 20 天。在武汉植物园种植，平均果重 80 克，果实后熟需要 9 天，软熟时（果肉硬度 0.5 千克 / 平方厘米）含可溶性固形物 12%、总糖 7%、总酸 1.2%、维生素 C 30 毫克 /100 克鲜重，干物质 8%。

该品种树势强盛，以中长果枝结果为主，结果枝着生于结果母枝上的第 5 ～ 18 节，花着生于结果枝的第 1 ～ 7 节上。嫁接苗定植后第三年开始结果，第五年最高株产 36 千克，平均株产 27 千克，为鲜食、加工兼用品种。适应性强，在高海拔的山区和丘陵均可栽植，丰产、质优、经济性状稳定（图 4-44，图 4-45）。

在湖北武汉，3 月下旬萌芽，4 月下旬开花，10 月上旬果实成熟采收，12 月落叶休眠。配套雄性品种是‘磨山 4 号’。

图 4-44 ‘川猕 2 号’结果状

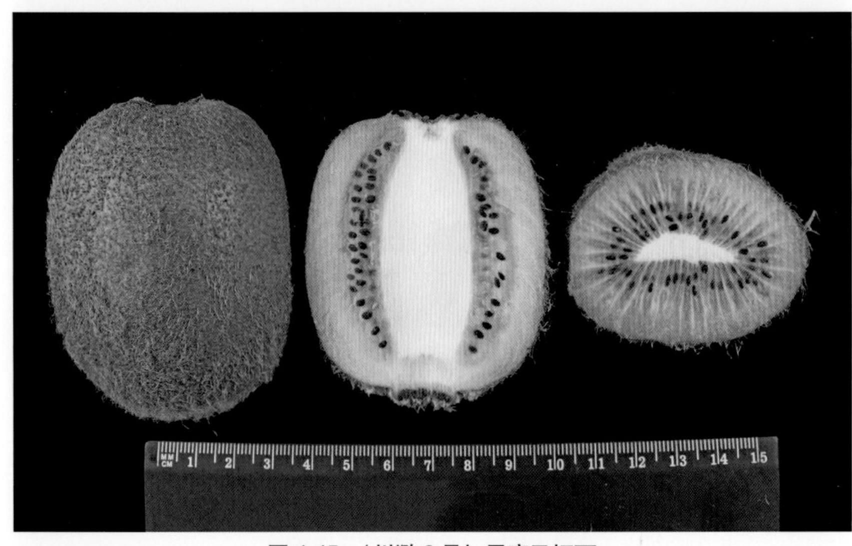

图 4-45 ‘川猕 2 号’果实及切面

3 长安 1 号
Chang'an No.1

由陕西省西安市农科所于 1979 ～ 1986 年从陕西省长安县的野生资源中选育的优良品系（崔致学，1993）。

果实短圆柱形，果肩、果顶平，果皮褐绿色，毛多而长，黄褐色。平均果重 70 克。果肉绿色，含糖量高，含维生素 C 250 毫克 /100 克鲜重（崔致学，1993）。在武汉植物园种植，果实圆柱形，平均果重约 70 克，味酸甜适宜，中等偏上（图 4-46，图 4-47）；软熟时（果实硬度为 0.4 千克 / 平方厘米）含可溶性固形物 15%、糖 12%、酸 1.5%、干物质 14%。果实采收后软熟时间需要 25 天。

在湖北武汉，表现为树势强旺，结果性好。亩栽 74 株的果园，盛果期平均株产 21 千克。

在湖北武汉，3 月中旬萌芽，4 月下旬开花，花期约 5 ～ 7 天，果实于 10 月中旬成熟，12 月底落叶休眠。配套授粉品种是‘磨山 4 号’。

物13%、总糖7%、总酸1.6%、维生素C 160毫克/100克鲜重，果心中等大，每果种子有246～731粒。

植株生长势强，幼树成形快，结果早，能早期丰产。在长沙地区，当年生嫁接苗可分枝4次，单株总生长量达33米。嫁接后的第二年开始结果，平均株产3千克，第三年平均株产5千克以上；该品系适应性特强，较耐瘠薄和高温干旱，在广州等南方地区栽培表现亦好，是低海拔红壤丘陵地区有发展前途的优良品系。

在湖南长沙，3月下旬至4月上旬萌芽，5月上、中旬开花，10月上旬果实成熟。

图4-46 ‘长安1号’结果状

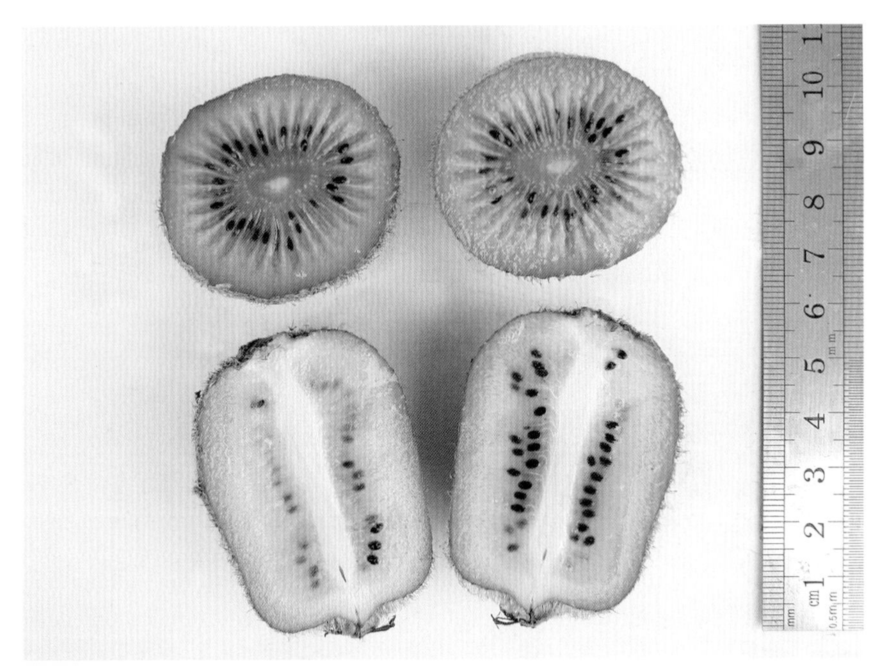

图4-47 ‘长安1号’果实切面

4 东山峰78–16

Dongshanfeng 78-16

由湖南农学院与湖南省国营东山峰农场于1978年在湖南省国营东山峰农场实地调查初选，并经多年观察鉴定后选育而成的美味猕猴桃新品系。

果实长卵形，平均果重73克，果皮黄褐色，果面茸毛粗长，棕色，密生，成熟时部分脱落。果肉绿色或淡绿色，汁多味甜稍酸，有香味，含可溶固形

5 沪美1号

Humei No.1

由上海市园林科研所于20世纪90年代初选育而成（敖礼林等，2003）。

果实长圆柱形，平均果重103克，大小均匀整齐，果形美观。果肉翠绿色，质细嫩，甜酸适口，含可溶性固形物15%～16%、总糖7%、有机酸1.0%、维生素C 90毫克/100克鲜重，果心小，种籽少，皮易剥。果实耐贮藏，采后室温下可放40～50天，冷藏可达5～6个月。

植株生长旺盛，枝节间长，叶中等大，叶厚，深绿色，光合能力强。成花容易，花单生，在正常授粉受精下，坐果率98%，果实着生在结果枝的第1～10节，以中长果枝结果为主，平均每个果枝着果4～5个，果实分布均匀，适中，不需疏花疏果。

在江西奉新县，3月中旬萌芽，5月上中旬开花，11月中下旬果实成熟。

6 会泽 8 号

Huize No.8

云南会泽县猕猴桃的主栽品种，是会泽县 1983 ~ 1991 年从当地栽植的 11 个猕猴桃单株中选育而成的（李俊梅，2010）。

果实长圆柱形，平均果重 60 克，果皮绿褐色；果肉绿色，肉质细腻，汁液多，风味甜，口感好，含可溶性固形物 15% ~ 17%，果实极耐贮运。

植株长势中庸，萌芽率高，成枝力强，易形成花芽，短果枝、中果枝、长果枝和徒长性果枝均能结果，结果枝连续结果能力强，坐果率 90% 以上。苗木定植后第三年开始结果，第五年可进入盛果期，平均株产可维持在 20 ~ 27 千克。该品系适应性强，山地和平坝均能正常生长结果。

在云南会泽县，2 月下旬萌芽，4 月下旬开花，果实 10 月上中旬成熟，11 月下旬落叶。

图 4-48 ‘H-15’结果状

图 4-49 ‘H-15’果实及切面

7 H–15

H-15

由中国科学院武汉植物园于 2007 年从湖南隆回野生资源中选育出的优良红心株系。

果实卵圆形，中等偏小，平均果重 36 ~ 60 克，果肩斜，果顶凸，皮黄褐色，密被黄褐色硬毛。刚采收时果肉黄绿红心，软熟后果肉黄白色，种子分布区果肉显红色，软熟果实含可溶性固形物 16% ~ 21%、总糖 14%、有机酸 1.7%、维生素 C 120 毫克 /100 克鲜重，干物质 20% ~ 21%。风味浓甜，香气浓郁，肉略带粉质（图 4-48，图 4-49）。采收后 15 天左右软熟，贮藏性中等。

在湖北武汉，3 月上旬萌芽，4 月中下旬开花，5 月初坐果，果实于 9 月上旬成熟。配套雄性品种是磨山 4 号’。

8 江山 90–1

Jiangshan 90-1

由浙江省江山市林业局于 1990 ~ 2000 年从美味猕猴桃实生后代中选育而成，2000 年 8 月通过浙江省江山市的株系鉴定（陈才清等，2004）。

果实圆柱形，平均果重 75 ~ 95 克，果顶有喙，果基微凹，果皮淡绿色，果毛灰褐色不易脱落。果肉翠绿色，可食率 94%，果心和中轴胎座较小，肉质细，汁多，甜酸适口，风味浓郁鲜美，有香气；含可溶性固形物 12% ~ 15%、总糖 6% ~ 10%、有机酸 1.1% ~ 1.7%、维生素 C 200 ~ 300 毫克 /100 克鲜重，果实较耐贮藏。

植株生长势强，枝条粗壮，萌芽率 57% ~ 62%，结果枝率 75% ~ 94%。从结果枝所占比例看，长果枝占 38%，中果枝占 24%，短果枝占 38%。果枝连续结果能力强。果实一般着生于果枝的第 1 ~ 7 节，其中以第 2 ~ 4

节着果最多，并以单果为主。坐果率高，自然授粉条件下，坐果率可达86%～94%，表现出丰产、稳产的特性。嫁接苗定植后第二年开始结果，第三年平均株产约4千克，第五年平均株产可达11千克以上。该品种对食叶性害虫、高温干旱和短期积水有较强的抗性，但在花期和幼果期易受风害。

在浙江西部地区种植，2月底至4月中旬为伤流期，3月中旬萌芽，4月上旬展叶，4月下旬至5月上旬开花，8月下旬果实成熟。

9 龙山红

Longshanhong

由四川省自然资源科学研究院和都江堰市农业发展局共同从龙门山南段的野生彩色猕猴桃中筛选出的一个具有特殊生产利用价值的两性花优良单株（王明忠等，2012）。

果实长椭圆形，平均果重50～80克，种子外侧的果肉颜色淡红色，最外层果肉绿色，中柱白色，果实横切面果心（中柱）长椭圆形，果肉香气浓，含可溶性固形物15%、总糖10%、有机酸1.9%、维生素C 65毫克/100克鲜重，心皮30个左右，果实赤道部横切面一边露出种子28粒左右，单果种子数640粒左右，种子千粒重1.7克。鲜果果实较耐贮运（图4-50至图4-52）。

树体长势强健，当年生枝长可达2～3米，成枝力强。花为单花，花大，花瓣5～7枚，平展，初始时白色，后变黄；花萼5～7枚，花萼背面茸毛黄褐色；花柱26～34根，花柱长平均7.4毫米，花柱姿态水平分布并略斜向花药，柱头扁平，子房球形，纵切面无花色素，外被白色茸毛；花药深橙黄色，数量不等，少的130余个，多的180余个，每花平均约157个；花丝长7.0毫米左右，与花柱靠近，花丝上的花药与扁平的柱头紧挨，整个花没有任何香气，也很难发现花上有昆虫，充分显示该植株自花授粉的特性。以中短果枝结果为主，花着生于结果枝2～5节，一般单花结果，疏花疏果量小，成熟期无落果现象。高接第二年可始花结果，第四年以后可进入盛产期，丰产性较好，平均株产20～30千克。该品系具有显著的抗寒、抗病和抗湿能力。

在四川都江堰海拔1100米处，3月上中旬萌芽，4月中下旬现蕾，5月中下旬开花，10月中下旬果实成熟，12月上中旬落叶。

图4-50 ‘龙山红’结果状

图4-51 ‘龙山红’果实及切面（武汉）

图4-52 ‘龙山红’果实切面（由四川蒲仕华提供）

10 WZ-1

WZ-1

由中国科学院武汉植物园于1998年从新西兰引进，经在武汉多年栽种，表现性状稳定。

果实椭圆形，中等大小，平均单果重63克，果肩、果顶均圆，果面褐色，密被褐色硬毛。果肉绿色，风味酸。果实软熟（硬度2.8千克/平方厘米）后含可溶性固形物14%、总糖9%、有机酸1.8%、维生素C 63毫克/100克鲜重。果实采收后常温下的软熟时间为30天（图4-53，图4-54）。

植株树势强旺，枝条粗壮。以中长果枝结果为主，花多为单生，盛果期平均株产18千克。

在湖北武汉，3月上旬萌芽，5月4日左右初花，花期5～7天，果实于10月下旬成熟。配套雄性品种是'磨山4号'。

11 美味优系815

Meiweiyouxi 815

该品种为中国科学院武汉植物园于2005年从云南野外收集的美味猕猴桃资源中选育的一个高糖优系，经高接鉴定，表明性状遗传稳定。

果实为卵形，偏小，平均单果重39～42克，密被黄褐色硬毛，在贮藏过程中易脱落。果肉黄色或黄绿色，风味浓甜，质嫩汁多，软熟果实（硬度0.4千克/平方厘米）含可溶性固形物20%～23%、总糖15%、有机酸1.2%、维生素C 115～158毫克/100克鲜重，适于加工和鲜食（图4-55，图4-56）。

该株系结果性非常好，嫁接第三年平均株产8千克，丰产稳产，耐粗放管理。

在湖北武汉，3月上旬萌芽，4月底至5月初开花，8月上中旬果实成熟。配套雄性品种是'磨山4号'。

12 E-30

E-30

由湖南农业大学于1980年在湖南国营东山农场实地调查初选，嫁接

图4-53 'WZ-1'结果状

图4-55 '美味优系815'结果状

图4-54 'WZ-1'果实及切面

图4-56 '美味优系815'果实及切面

后其子代经多年选育而成，是一耐贮运的新株系。

果实长卵圆形或近圆柱形，平均果重86克，果顶稍尖，喙凸出，顶洼平，果基部微凹，梗洼浅，萼片宿存或半宿存；果皮棕褐色，茸毛棕色，硬而较粗长，密度中等，成熟后部分茸毛脱落（图4-57，图4-58）。果肉绿色，果心较小，黄白色，含可溶性固形物14%、总糖8%、有机酸1.6%、果实甜而微酸，风味浓；种子棕褐色，较小，每果672粒，千粒重1.0～1.1克。果实耐贮性强，自然条件下硬果商品贮藏期达56～76天，属于良好的耐贮性新类型。

植株树势强旺，当年生枝黄绿色，阳面微带紫红色，新梢先端棕黄色；一年生枝红褐色，茸毛硬，密而短，黄褐色；多年生枝灰褐色，茸毛易脱落。叶片较大，近圆形，先端短突尖，叶基心形；叶面较平展；叶背灰绿色，密生细短灰白色软茸毛；嫩叶叶脉黄绿，叶面有紫红色斑块；叶柄肉质，较粗短，红褐色，密生棕红色软茸毛。花单生或序花（2～3朵），以单花为主，花瓣6～7枚，花冠大，花径5.2厘米，柱头36枚；雄蕊退化（花粉无生活力）。

树势强健，成形快，萌芽率较低，平均萌芽率为57%，平均果枝率约70%。容易成花，除一次梢可以成为次年的优良结果母枝外，生长健壮的二、三次梢皆可成为结果母枝；结果母枝具有很强的连续结果能力，一般花芽从结果母枝基部2～3节开始，直到25节的不同节位均能形成。定植第一年即可基本成形，并有少量坐果，第二年平均株产可达2～5千克，第三年平均株产6～15千克(图4-30)。

图4-57 ‘E-30’结果状

图4-58 ‘E-30’果实

但该品系果实受不同雄株花粉的影响较大，用‘湘峰83-08’雄株授粉，比自然授粉果实明显增大，可溶性固形物含量提高，果实形状端正，近圆柱形，外形漂亮。

在湖南长沙地区，4月底至5月上旬开花，10月上旬果实成熟，11月下旬至12月上旬落叶休眠期。

13 秦翠

Qincui

由陕西省周至县猕猴桃试验站和陕西省果树研究所于1979年从陕西省周至县就峪乡野生资源中筛选的优株，1983年嫁接繁殖，开展子代鉴定，1986年命名为‘秦翠’（崔致学，1993）。

果实长圆柱形，平均果重75克，果顶平截，梗萼洼浅，皮棕褐色，皮薄易剥离，密布黄褐色果点和茸毛。果肉翠绿色，质细，汁液多，果心较小，乳白色，风味酸甜清香，含可溶性固形物18%、总糖6%、有机酸2.3%、维生素C 225毫克/100克鲜重。适于制作糖水罐头。果实耐贮性较差，采后在常温（10℃以上）条件下可存放28天。

该品种抗性强，在沙壤土、半黏土、河沙土及干旱区只要有灌溉条件，均可栽培，耐寒性强，能耐－20.2℃低温。以中短果枝结果为主，果枝着生在结果母枝的第1～25节，多花结果，坐果率97%，嫁接苗定植第三年株产12千克以上。

在选育地陕西周至县，4月上、中旬萌芽，4月下旬现蕾，5月中旬初花，果实在10月下旬至11月上旬成熟。

14 秋明

Qiuming

原代号1122，由陕西周至县猕猴桃试验站于1996年以‘海沃德’作母本、‘秦雄402’作父本杂交，从杂交F_1代中选育出的新品系。

实长圆柱形，平均果重100克，果皮绿褐色，被较硬的刺毛，皮厚较难剥离。果肉翠绿色，质细汁多，味浓，酸甜适口，含可溶性固形物15%，果心小，圆柱形。果实成熟后在室温条件下，保存25～30天，0℃条件下贮藏期150天左右(图4-59)。

树势强健，一年生枝紫绿色，节间长9～10厘米；叶片椭圆形，叶色浓绿具光泽。每结果枝平均结果4～5个，高接换头后第二年株产15～20千克。在陕西周至县表现为抗溃疡病、抗风害。

在陕西周至县，3月下旬至4月上旬萌芽、展叶、现蕾，5月上旬开花，花期5～7天，配套雄株‘秦雄1119’，10月上、中旬果实成熟。

15 秦星

Qinxing

原代号‘1224’，是陕西周至县猕猴桃试验站于1996年以‘海沃德’作母本、‘秦雄403’作父本杂交，从杂交F_1代中选育的新品系。

果实纺锤形，平均果重120～150克，果顶突出，皮黄褐色，较厚，密生茸毛。果肉翠绿色，果心圆柱状乳白色，肉质细，较硬，汁多，果味浓香，甜酸爽口，含可溶性固形物16%～17%。果实成熟采收后，室温下货架期（后熟期）30～60天，在0℃条件下，可贮存180天左右(图4-60)。

树势强健，一年生枝褐红色，较硬，节间平均长5～8厘米；叶片厚而大，椭圆形，深绿色，半革质有光泽，背面密生黄色绒毛。在当地表现抗溃疡病，抗风害。

在陕西周至县，3月下旬展叶现

图4-59 ‘秋明’结果状

图4-60 ‘秦星’结果状

蕾，5月上旬开花，花期5～7天，10月上、中旬果实成熟，11月中旬初霜落叶。

16 实美

Shimei

由广西植物研究所从美味猕猴桃实生后代中选育的新品系，2000年通过广西省科技厅组织的专家验收（李洁维等，2003）。

果实近圆柱形，较整齐，平均果重100克，果皮绿褐色，易剥离。果肉绿色，细腻，汁多，香味浓郁，果心小而质软，风味佳，含可溶性固形物15%、总糖9%、有机酸0.7%、维生素C 138毫克/100克鲜重，矿物质丰富。在桂林，果实于常温下可贮藏2周，在0～3℃低温下可贮藏4～6个月。

植株长势旺盛，枝条粗壮，较硬，春季萌芽率54%，果枝率88%。结果枝着生于结果母枝的2～8节，果着生于结果枝的第1～7节，自然坐果率90%以上，长果枝居多，占81%，中果枝13%，短果枝6%。嫁接苗定植第二年有30%植株开花结果，第三年全部结果，株产达14千克。

适应性广，在南亚热带、中亚热带、温带等地区均可种植，在海拔170～1000米的不同立地条件下均表现为生长结果良好。在土壤排水好，疏松肥沃、背风向阳，灌溉条件好的地区种植效果更好。

在广西桂林，3月下旬至4月上旬萌芽，4月上旬抽梢，4月下旬至5月上旬开花，10月上中旬为果实成熟期，12月下旬至次年1月上旬落叶。

17 陕猕1号

Shanmi No.1

由陕西省果树研究所从美味猕猴桃实生苗中选出的优良品系，1993年引入青岛（宫象晖等，2004）。

果实卵圆形，平均果重100克，皮褐绿色。果肉绿色，味酸甜，有浓香，含可溶性固形物14%～16%、总糖10%、有机酸1.6%～2.2%、维生素C 100～200毫克/100克鲜重，果实较耐贮藏，常温下可贮存20～25天。

该品种丰产，抗逆性强，特别耐干旱，适合北方栽培。

在山东青岛地区，11月上旬果实成熟。

18 实选1号

Shixuan No.1

由江苏省徐州市果园场与中国科学院北京植物园于1980年合作从‘海沃德’实生后代中选育。

果实长卵形，平均果重85克，大小整齐，果皮黄褐色，皮薄易剥离（图4-61）。果肉翠绿色，肉质细致，酸甜爽口，有香气，含可溶性固形物16.2%（姜景魁等，2004）、有机酸1.4%、维生素C 110～125毫克/100克鲜重。采收后在室温下可存放10～15天，丰产性能超过‘海沃德’。在黄淮平原碱性土壤（pH值8以上）生长结果均表现良好，栽培地区范围广泛。在福建建宁县10月上旬果实成熟。

图4-62 ‘实选1号’结果状

19 实选 2 号

Shixuan No.2

由江苏省徐州市果园场与中国科学院北京植物园于 1980 年合作从‘海沃德’实生后代中选育。

果实圆柱形或椭圆形，平均单果重 83 克，大小均匀；皮绿褐色，稍厚，易剥离。果肉绿色，质稍松，汁中等多，有微香，含可溶性固形物 15.6%(图 4-62，图 4-63)。在福建建宁县常温下贮藏 10 ~ 15 天 (姜景魁等，2004)。

在黄淮平原碱性土壤 (pH 值 8 以上) 生长结果均表现良好，栽培地区范围广泛。

在福建建宁县，10 月上中旬果实采收；而在湖北武汉，3 月下旬萌芽，5 月上旬开花，11 月上旬果实成熟。配套雄性品种是‘磨山 4 号’。

20 实选 3 号

Shixuan No.3

由江苏省徐州市果园场与中国科学院北京植物园于 1980 年合作从‘海沃德’实生后代中选育而成。

果实圆柱形，大小整齐，平均果重 82 克。果肉翠绿，肉质细嫩，汁中等多，含可溶性固形物 17.6%。果实在室内常温下可存放 10 ~ 15 天，极丰产。在黄淮平原碱性土壤 (pH 值 8 以上) 生长结果均表现良好，栽培地区范围广泛 (姜景魁等，2004)。在福建建宁县，10 月中旬果实成熟。

21 徐冠

Xuguan

由江苏省徐州果园场于 1980 年从中国科学院北京植物所引入的‘海沃德’实生苗中选出 (崔致学，1993)。

果实长圆锥形，平均果重 102 克，果皮黄褐色，皮薄易剥离。果肉绿色，质细汁多，酸甜适口，有香气，含可溶性固形物 12% ~ 15%、有机酸 1.2%、维生素 C 107 ~ 120 毫克 /100 克鲜重。果实耐贮存，常温下可保存 32 天。在武汉植物园种植，平均果重 60 克左右，硬果后熟需要 24 天，软熟 (硬度 1.4 千克 / 平方厘米) 果实含可溶性固形物 14%、总糖 8%、有机酸 1.4%、维生素 C 56 毫克 /100 克鲜重 (图 4-64，图 4-65)。

树势强健，丰产性超过‘海沃德’，以长果枝结果为主，其果实采收期和后熟期均比‘海沃德’早，果实成熟期 9 月底至 10 月中旬，采前有落果现象，注意适时采收。

在湖北武汉，3 月下旬萌芽，5 月上旬开花，10 月中旬果实成熟。配套雄性品种是‘磨山 4 号’。

图 4-62 ‘实选 2 号’结果状

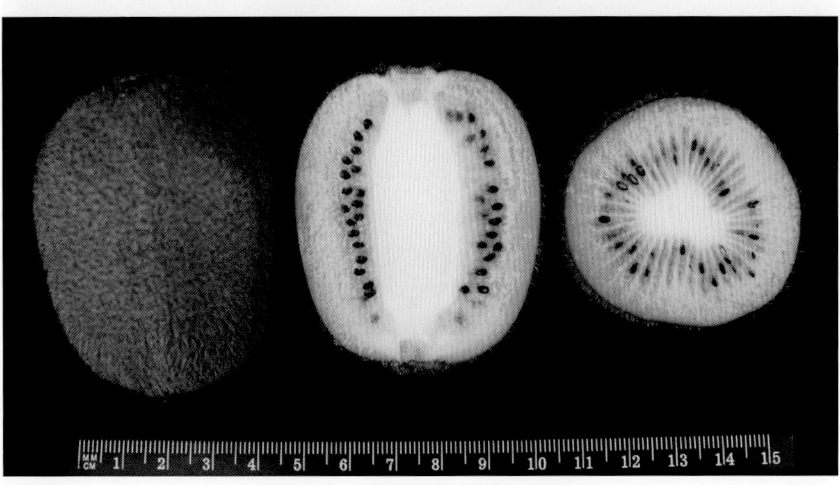

图 4-63 ‘实选 2 号’果实及切面

图 4-64 ‘徐冠’结果状

图 4-66 ‘新观 2 号’结果状

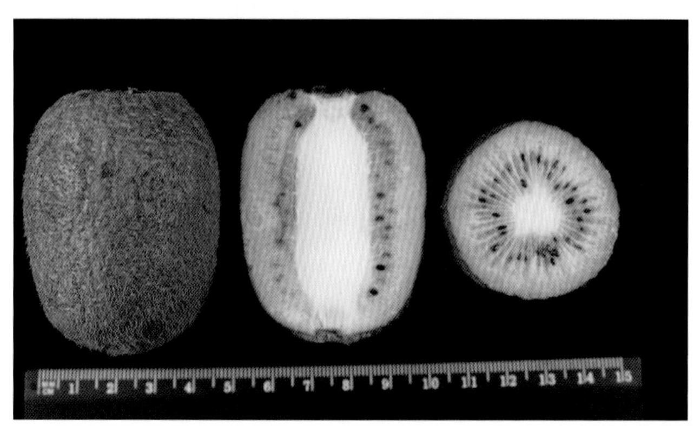

图 4-65 ‘徐冠’果实及切面

图 4-67 ‘新观 2 号’果实及切面

22 新观 2 号

Xinguan No.2

由四川省苍溪县猕猴桃协会于 1985 年从苍溪县城北九龙山系的新观乡野生美味猕猴桃群体中选出（吴伯乐等，1998）。

果实长圆柱形，平均果重 97 克，果皮棕褐色，有刺毛，易剥皮。果肉翠绿色，肉质细嫩，汁液多，酸甜适度，浓香，含可溶性固形物 14%、有机酸 1.1%、维生素 C 222 毫克 /100 克鲜重，鲜食加工均佳。果实耐贮性强，在 0 ~ 1.5℃的冷库可贮藏 100 天，货架期 7 ~ 10 天。在武汉植物园种植，平均果重 68 克左右，硬果后熟需要 21 天，软熟（硬度 0.4 千克 / 平方厘米）果实含可溶性固形物 14%、总糖 9%、有机酸 1.1%、维生素 C 161 毫克 /100 克鲜重（图 4-66，图 4-67）。

植株树势旺盛，萌芽率 91%，结果枝率 91% ~ 100%。多年生枝棕褐色，一年生枝褐色，重剪后能抽发 2 ~ 3 个新梢；一年抽梢 3 次，夏梢最旺。幼树以中、长果枝结果为主，约占 70% 以上，成年树以中、短果枝结果为主，约占 85%，结果枝一般着生在结果母枝的第 2 ~ 9 节，但以第 3 ~ 7 节最多。成花容易，嫁接苗定植后第二年有 30% 以上植株开花结果，4 ~ 5 年进入盛果期。

该品种抗逆性强，适应性广，在高、中、低海拔地区均能适应，耐寒耐瘠力较强，并对猕猴桃褐斑病、溃疡病抗性强。

在湖北武汉地区，3 月中旬萌芽，5 月上旬开花，10 月中旬果实成熟。配套雄性品种是‘磨山雄 3 号’和‘磨山 4 号’。

23 湘州 83802

Xiangzhou 83802

由湖南省湘西自治州农业科学研究所于1983年秋根据凤凰县腊尔山乡岩坎村龙玉儒报优从当地野生资源中选育，于1990年通过省级鉴定（武吉生等，1994）。

果实扁圆或卵圆形，整齐一致，平均果重57克，果皮棕褐色，密被黄褐色茸毛，成熟时部分茸毛脱落，果点黄褐色，外形美观；皮薄，易剥离。果肉黄绿色，质地细嫩，汁多，酸甜适度，香气浓郁，含可溶性固形物16%、总糖10%、有机酸1.7%、维生素C 88毫克/100克鲜重，种子极少，一般每单果27～33粒，最多有50粒。鲜食无种子感觉，适口性极佳。采收后鲜果在室温下可贮存15～25天。

该品种植株树势较强，萌芽率79%，结果枝率55%；坐果率为60%～100%，果实一般着生在结果枝的第2～8节间，多集中于第2～5节，平均每果枝坐果2～5个，以短果枝结果为主，占总结果枝数的81%。嫁接苗定植第二年即可结果，第三年平均株产2.5千克，第四年平均株产6.3千克。

在湖南吉首地区，3月中旬萌芽，5月上旬开花，花期7～8天，果实10月上旬成熟，枝梢10月中旬停止生长，12月上旬落叶。

24 湘吉

Xiangji

由湖南吉首大学从湖南西部野生猕猴桃资源中选育而成的无籽猕猴桃新品系，于2011年5月获得农业部授予的植物新品种权证书，权证号：CNA20080767.6（裴昌俊等，2011）。

图4-68 ‘湘吉’果实

图4-69 ‘湘吉’果实切面

果实短圆形，平均果重70～80克；果肉黄绿色，肉质细嫩，酸甜适度，含可溶性固形物18%～19%、总糖14%、有机酸1.3%、维生素C 144毫克/100克鲜重，无籽，果心小（图4-68，图4-69）。具有单性结实的特性，生产中不需要配雄株，主要以短缩果枝结果为主，短缩果枝占总数的80%以上。

25 湘麻6号

Xiangma No.6

由湖南省园艺研究所于1980～1987年从湖南麻阳县野生资源中选育的优系（崔致学，1993）。

图4-70 ‘湘麻6号’结果状

图 4-71 ‘湘麻 6 号’果实及切面

图 4-72 ‘磨山雄 3 号’花枝

在武汉植物园种植，果实卵形，略扁，平均果重约 50 克，果肩圆，果顶椭圆，果面褐色，密被硬毛。果肉绿色，味酸，含可溶性固形物 12%、总糖 11%、有机酸 1.5%、维生素 C 165 毫克 /100 克鲜重。果实耐贮性差，采收后 6 天左右软熟。树势强旺，结果性好，盛产期平均株产 17.5 千克（图 4-70，图 4-71）。

在湖北武汉，3 月中旬萌芽，4 月下旬至 5 月初开花，9 月下旬果实成熟。配套雄性品种是‘磨山 4 号’和‘磨山雄 3 号’。

图 4-73 ‘磨山雄 3 号’开花状

26 磨山雄 3 号

Moshan Male No.3

由中国科学院武汉植物园从收集的美味猕猴桃实生后代中选育的优良晚花雄性品系。

树势强旺，花为聚伞花序，花量大，花期长达 12 ~ 13 天，花大，花冠直径 4.1 厘米，花瓣 9 ~ 10 片，花丝 168 根，雄蕊 168 枚，花药纵横径为 1.9 毫米 ×1.0 毫米，花粉发芽率为 73% ~ 82%（图 4-72，图 4-73）。

在湖北武汉，4 月底至 5 月初始花，2 天后进入盛花期，花期 12 ~ 13 天，能与晚花品种‘金魁’、‘海沃德’、‘新观 2 号’、‘三峡 1 号’、‘楚红’、‘皖翠’、‘徐香’、‘徐冠’、‘秦美’、‘湘麻 6 号’等花期相遇。

第五章
中华猕猴桃

第一节　主栽品种

1 红阳
Hongyang

由四川省自然资源研究所和苍溪县农业局从河南野生中华猕猴桃资源实生后代中选出，于1997年通过省级品种审定。

果实长圆柱形兼倒卵形，平均果重65克，果顶、果基凹，果皮绿色或绿褐色，茸毛柔软，易脱落，皮薄。果肉黄绿色，果心白色，子房鲜红色，沿果心呈放射状红色条纹，果实横切面呈黄、红、绿相间的色泽，具佐餐价值（图5-1，图5-2）；含可溶性固形物16%～20%、总糖9%～14%、有机酸0.1%～0.5%、维生素C136毫克/100克鲜重，肉质细嫩，口感鲜美有香味。果实较耐贮藏，采后后熟期为10～15天（王明忠等，2003）。在武汉植物园种植，由于夏季高温干旱，果实生长受阻，平均单果重50～60克，软熟果实（硬度0.5千克/平方厘米）含可溶性固形物16%、总糖14%、有机酸1%、维生素C 83毫克/100克鲜重，果肉黄绿色，不表现红色或仅有红色印痕。

图5-1 ‘红阳’结果状（四川）

图5-2 ‘红阳’果实及切面（四川）

植株树势中等，枝条生长粗壮。成花容易，坐果率可达90%以上；单花为主，着生在结果枝的第1～5节；结果枝多发生在结果母枝的第1～10节，以短果枝结果为主。定植后第一年30%以上的植株就能开花结果，第二年全部植株可结果，第四年进入盛果期，平均株产18千克以上。

该品种在冷凉气候、湿度较大的区域栽培，可表现出明显的红色。种植区域要求夏季7～8月平均气温在27℃以下。缺点是不抗夏季高温干燥，特别是果肉的红色，易受夏季温度和湿度的影响，在夏季高温（7～8月平均气温超过27℃）、干燥条件下，果肉红色减退甚至消失。在高温、高湿环境易感病，且树体抗药性较差。

在湖北武汉，3月初萌芽，4月中旬开花，9月初果实成熟（可溶性固形物≥7%），12月上旬落叶休眠。配套雄性品种是‘磨山雄1号’和‘磨山雄2号’，以‘磨山雄2号’更佳。

2 金艳

Jinyan

由中国科学院武汉植物园于1984年利用毛花猕猴桃作母本、中华猕猴桃作父本杂交，从F_1代中选育而成。该品种是第一个用于商业栽培的种间杂交选育新品种，于2006年通过省级品种审定(鄂S-SC-AC-002-2006)，2009年获得国家品种权(CNA20070118.5)，2010年通过国家品种审定(国S-SV-AE-019-2010)。目前已成为国内黄肉猕猴桃主栽品种之一，种植面积迅速扩大。

果实长圆柱形，平均果重100～120克，果顶微凹，果蒂平；果皮厚，黄褐色，密生短茸毛，果点细密，红褐色。果肉黄色，质细多汁，味香甜，含可溶性固形物14%～16%，最高达20%；总糖9%，有机酸0.9%，维生素C 105毫克/100克鲜重(图5-3，图5-4)。果实采收时硬度大(18～20.9千克/平方厘米)，贮藏性极佳，武汉常温下果实后熟需要42天，果实软熟后的货架期长达15～20天，低温下(0～2℃)可储存6～8个月。

图5-3 ‘金艳’结果状

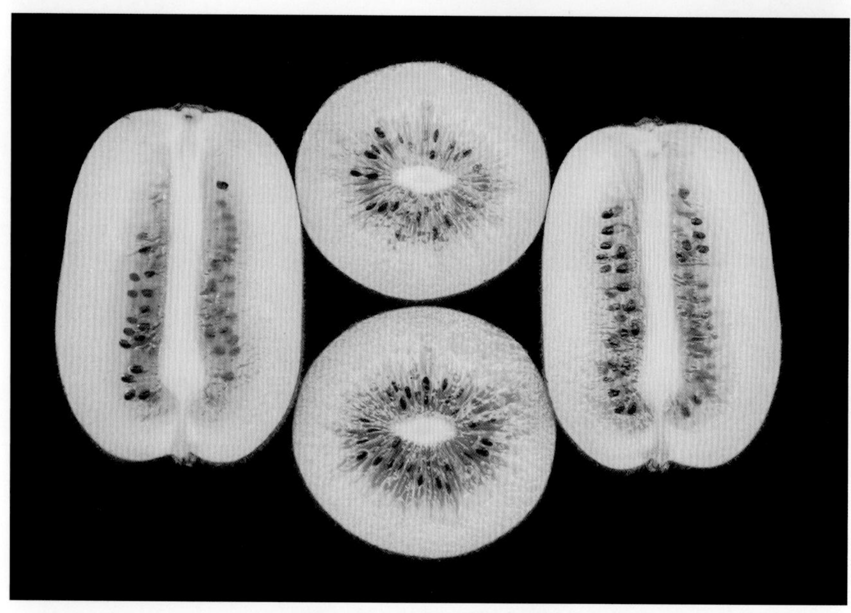

图5-4 ‘金艳’果实切面

树势生长旺，萌芽率67%，果枝率90%～100%；一年生枝茶褐色，二年生枝红褐色，老枝黑褐色。皮孔椭圆形，棕褐色。叶片大，近圆形，厚纸质具光泽，叶缘具细锯齿，叶基部心形；叶正面平展，深绿色无毛；叶背绿色，被灰绿色毛，叶脉绿色，叶柄黄褐色。花为聚伞花序，以三花为主，占63%，花着生在结果枝的第1～6节，以长果枝结果为主，长果枝占总果枝数的65%，每果枝坐果4～7个。嫁接苗定植第二年开始挂果，在高标准建园的情况下，第三年平均株产可达到18千克，第四年进入盛果期，平均株产45千克。

在湖北武汉，3月上旬萌芽，4月底至5月上旬开花，花期持续12天，10月底至11月上旬果实成熟，果实生育期为200天左右，比一般品种长1～2个月。配套雄性品种是‘磨山4号’。

3 金桃

Jintao

中国科学院武汉植物园于1981年从江西武宁县野生中华猕猴桃资源中选出优株‘武植81-1’，当年嫁接于资

图 5-5 ‘金桃’结果状

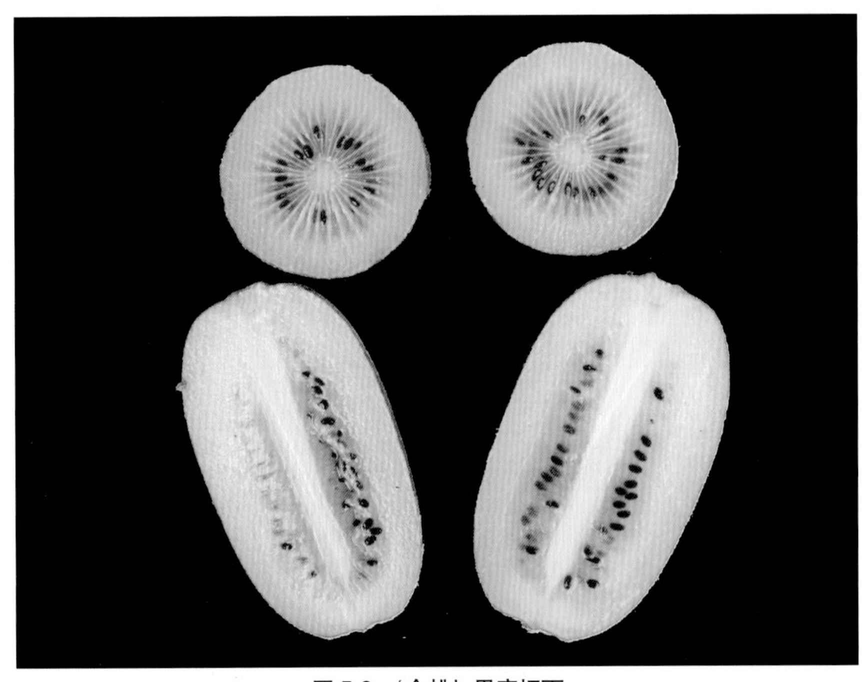

图 5-6 ‘金桃’果实切面

源圃中，从高接后代中选出变异单系‘C6’。在国内多年试验表现高产、耐贮、品质优的特性，于 1997 ~ 2000 年在意大利、希腊和法国进行品种区试，综合性状优良。2005 年通过国家品种审定，定名为‘金桃’（国 S-SV-AC-018-2005）并在世界猕猴桃主要生产国或区域申请了植物新品种权保护。多年来通过国内外广泛栽培，该品种表现良好。

果实长圆柱形，大小均匀，平均果重 80 ~ 100 克，果皮黄褐色，厚（约 50 微米），成熟时果面光洁无毛，果顶稍凸，外观漂亮。采收时，果肉绿黄色，随着后熟转为金黄色，果肉质地脆，多汁，酸甜适中，含可溶性固形物 15% ~ 18%、总糖 8% ~ 10%、有机酸 1.2% ~ 1.7%、维生素 C 180 ~ 246 毫克 /100 克鲜重，果心小而软（图 5-5，图 5-6）。果实耐藏性好，采收后熟需要 25 天，而且贮藏中维生素 C 损失少。1992 年的贮藏试验表明，当田间温度为 31℃（9 月 18 日）时采收果实后，放置在室温条件下（温度 13 ~ 22℃）贮藏 1 个月或冷藏（4℃）4 个月后，商品果率分别达到 100% 和 94%。

树势中等偏强，枝条萌发力强，叶片中等大小，质地厚实，叶色浓绿，有光泽，叶背密生短茸毛，叶柄红色。花多为单生，着生在结果枝基部的第一节以上，以短果枝和中果枝结果为主，平均每果枝结果 8 个，坐果率高达 95%。该品种在高水平管理下，嫁接后第二年始产果，第五年进入盛果期，平均株产 36 ~ 48 千克（图 5-3）。在中国南方种植表现出耐热，而在海拔 800 ~ 1000 米的地方表现更好，如果皮增厚，可溶性固形物、糖分及维生素 C 含量增加，可改善贮藏性能和风味。观察结果表明，在海拔较高区域生产的果实皮可增厚到 72 微米，可溶性固形物含量达 21.5%，维生素 C 197 毫克 /100 克鲜重。

在武汉植物园，3 月上、中旬萌芽，4 月下旬至 5 月初开花，9 月中下旬果实成熟（可溶性固形物 ≥ 7%）。配套雄性品种是‘磨山 4 号’。

4 早鲜（赣猕 1 号）

Zaoxian

由江西省农业科学院园艺研究所于 1979 年从江西野生猕猴桃资源中选出，原代号 F.T.79-5，1985 年通过省级品种鉴定，命名为早鲜，1992 年通过省级品种审定，更名为‘赣猕 1 号’。

果实圆柱形，整齐美观，平均果重 75 ~ 95 克，果皮绿褐色或灰褐色，密被绒毛，绒毛不易脱落或脱落不完全。果肉绿黄或黄色，质细汁多，甜酸适口，风味浓，有清香，含可溶性固形物 12% ~ 17%、总糖 7% ~ 9%、有机酸 0.9% ~ 1.3%、维生素 C 73 ~ 98 毫克 /100 克鲜重，果心小，种子较少。果实较耐贮运，在江西室温下可存放 10 ~ 20 天，低温冷藏条件下可贮藏 4 个月，货架期 10 天左右。在武汉植物园种植，平均果重 90 克左右，硬果后熟需要 10 天，软熟（硬度 0.3 千克 / 平方厘米）果实含可溶性固形物 11%、总糖 7%、有机酸 1.2%、维生素 C 115 毫克 /100 克鲜重（图 5-7，图 5-8）。

植株长势强，萌芽率 50% ~ 70%，坐果率约 75%，以短果枝和短缩果枝结果为主，花多单生，着生在果枝的第 1 ~ 9 节。嫁接苗定植第三年开始结果，四年生树平均株产约 7 千克。该品种对土壤适应性较强，能在低山和平原地区栽培，但抗风性较差，抗旱能力较弱，有采前落果现象。

在湖北武汉，3 月中旬萌芽，4 月中、下旬开花，9 月上、中旬成熟。配套雄性品种是‘磨山 4 号’。

图 5-7 ‘早鲜’结果状

图 5-8 ‘早鲜’果实及切面

5 金丰（赣猕 3 号）

Jinfeng

由江西省农业科学院园艺研究所 1979 ~ 1985 年从江西省奉新县野生资源中选育而成，原代号 F.T.79-3，1985 年鉴定命名为‘金丰’，1992 年通过省级品种审定，更名为‘赣猕 3 号’。

果实椭圆形，整齐一致，平均果重 81 ~ 107 克，果皮黄褐色至深褐色，密被短绒毛，易脱落。果肉黄色，质细汁多，甜酸适口，微香，含可溶性固形物 10% ~ 15%、总糖 5% ~ 11%、有机酸 1.1% ~ 1.7%、维生素 C 89 ~ 104 毫克 /100 克鲜重，果心较小或中等。果实较耐贮运，室温下可存放 40 天。在武汉植物园种植，平均果重 103 克，硬果后熟需要 15 天，软熟（硬度 0.5 千克 / 平方厘米）果实含可溶性固形物 10%、总糖 5%、总酸 1.6%、维生素 C 85 毫克 /100 克鲜重（图 5-9，图 5-10）。

该品种植株长势强，萌芽率中等，为 49% ~ 67%，结果枝率 90% ~ 95%。花单生及聚伞花序兼有，坐果率 89% ~ 93%，以中长果枝结果为主，果枝连续结果能力强。嫁接苗

图 5-9 ‘金丰’结果状

图 5-11 ‘华优’结果状（四川）

图 5-10 ‘金丰’果实及切面

图 5-12 ‘华优’果实切面（由王西锐提供）

定植第 2 ~ 3 年开始结果，四年生树平均株产 24 千克。抗风、耐高温干旱能力很强，适应性广，是较好的制汁、鲜食兼用的晚熟良种。配套雄性品种是‘磨山 4 号’。

在湖北武汉，3 月上旬萌芽，4 月下旬开花，10 月中下旬果实成熟。配套雄性品种是‘磨山 4 号’。

6 华优

Huayou

由陕西省农村科技开发中心、周至猕猴桃试验站、西北农林科技大学园艺学院育种与生物技术实验室等单位与陕西省周至县马召镇群兴九组居民贺炳荣共同从酒厂收购的混合种子实生后代中选育而成，2007 年 1 月通过省级品种审定（审定号：021-M05-2006）（雷玉山等，2007）。

果实椭圆形，平均果重 80 ~ 110 克，果皮黄褐色，绒毛稀少，细小；果皮较厚，较难剥离；果肉黄色或黄绿色，肉质细，汁液多，香气浓，风味甜，含可溶性固形物 17%、总酸含量 1.1%、维生素 C 含量 162 毫克 /100 克鲜重；果心小，柱状，乳白色（图 5-11，图 5-12）。果实在室温下，后熟期 15 ~ 20 天。在 0℃度条件下，可贮藏 5 个月左右。

树势强健，萌芽率 86%，花枝率 80%。多年生枝皮深褐色，粗糙无毛。叶边缘向外反卷，叶有网状叶脉延伸出黄白色细刺。以中长果枝结果为主，从基部第 2 ~ 3 节开始开花坐果，每个花序有 3 朵花或单花，每个果枝结果 3 ~ 5 个。在授粉条件良好时，坐果率可达 95%，第五年进入盛果期，平均株产 27 千克以上。抗性强。

在陕西，3 月中旬萌芽，4 月下旬至 5 月上旬开花，9 月中旬成熟。配套雄性品种是‘磨山 4 号’。

7 翠玉

Cuiyu

由湖南省园艺研究所于1994～2001年通过群众报优，从湖南溆浦县野生猕猴桃资源中选育而成，2001年通过省级品种审定（钟彩虹等，2002）。

果实圆锥形，平均果重85～95克，果皮绿褐色，成熟时果面无毛，果点平，中等密。果肉绿色，肉质致密，细嫩多汁，风味浓甜，含可溶性固形物14%～18%，最高可达19.5%；果肉营养丰富，维生素C 93～143毫克/100克鲜重。果实极耐贮藏，湖南长沙10月上旬采收，在室温下可贮藏30天以上，0～2℃低温下可贮藏4～6个月。在武汉植物园种植，平均单果重约80克，软熟（硬度0.2千克/平方厘米）果实含可溶性固形物16%、总糖13%、有机酸1.3%、维生素C119毫克/100克鲜重（图5-13，图5-14）。

植株树势较强，萌芽率约80%，果枝率约95%。嫩梢底色绿灰，一年生枝棕褐色，皮光滑无毛，多年生枝深褐色或黑色，皮孔纵裂有纵沟。叶片厚，正面深绿色，蜡质多，有光泽，叶背面浅绿色，稀被白色茸毛。花多为单花，少数聚伞花序。坐果率约95%，以中、短果枝结果为主，果实一般着生于果枝基部2～6节，结果枝平均坐果数3～5个，表现出丰产的性状。定植第二年普遍开花结果，第六年以后平均株产可达32～35千克。适宜在海拔400～1200米的丘陵、山地种植，宜在坡度10°～15°的丘陵、山地建园。抗逆性强，抗高温干旱、抗风力均强。

在湖北武汉，3月中萌芽，4月底至5月初开花，10月中下旬果实成熟。配套雄性品种是'磨山4号'。

图5-13 '翠玉'结果状

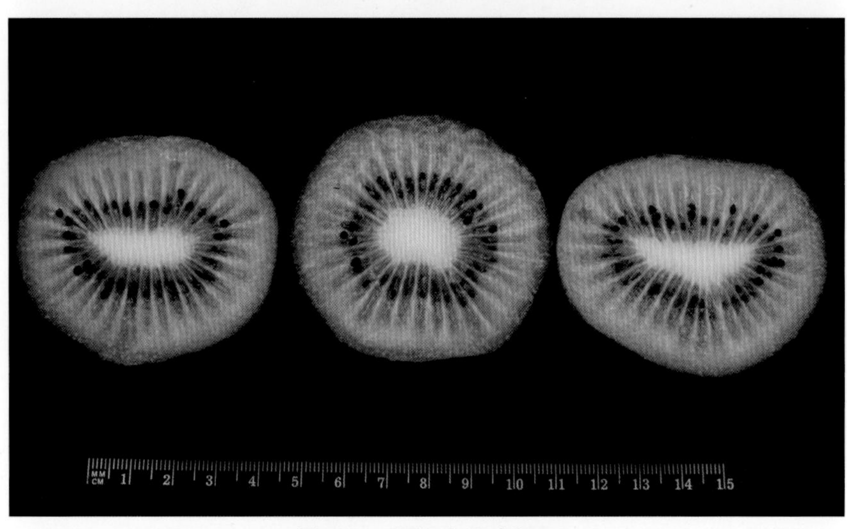

图5-14 '翠玉'果实切面

8 武植3号

Wuzhi No.3

由中国科学院武汉植物园于1981～2006年从江西武宁县野生猕猴桃资源中选育而成，原代号'武植81-36'，1987年10月通过省级品种认定，2006年通过国家品种审定（国S-SV-AC-017-2007）。

果实椭圆形，平均果重80～90克，果皮薄，暗绿色，果面茸毛稀少，果顶果基部平。果肉绿色，肉质细嫩，质细汁多，味浓而具清香，含可溶性固形物12%～15%、总糖6%、有机酸0.9%～1.5%、维生素C 275～300毫克/100克鲜重，果心小（图5-15，图5-16）。果实耐贮藏，采收后20天后熟。在广东和平县表现良好，平均果重106～115克，果实含可溶性固形物15%～17%、总糖8%～9%、有机酸0.8%～0.9%、维生素C 125～176毫克/100克鲜重（黄春源等，2010）。

图 5-15 ‘武植 3 号’结果状

图 5-16 ‘武植 3 号’果实及切面

图 5-17 ‘魁蜜’结果状

图 5-18 ‘魁蜜’果实及切面

树势强旺，叶片革质、厚实，叶色浓绿，具光泽，叶背绿色，叶脉明显。花为聚伞花序，常为 3 小花。结果枝率为 69% ～ 95%，果实着生在结果枝第 1 ～ 8 节，连续结果能力强。嫁接苗定植第二年开始结果，单株产量 4.5 千克，第三年平均株产 12.5 千克。该品种适应性强，很少发生病虫危害，在连续干旱缺水的条件下，也很少见到有叶片焦枯脱落的情况，是一个综合性状好的优良品种。在海拔 600 ～ 1000 米的地区种植，其优良性状表现更好，如果皮变厚，果实耐贮性增强，风味更佳，果实增大等。

在湖北武汉，3 月中旬萌芽，4 月下旬开花，9 月下旬果实成熟。而在广东和平县，果实 7 月下旬至 8 月初成熟。配套雄性品种是‘磨山 4 号’。

9 魁蜜（赣猕 2 号）

Kuimi

由江西省农业科学院园艺研究所 1979 ～ 1992 年从江西省奉新野生猕猴桃资源中选育而成，原代号 F.Y.-79-1，1985 年 11 月通过省级品种鉴定，命名‘魁蜜’，1992 年通过省级品种审定，更名为‘赣猕 2 号’。

果实扁圆形，平均果重 92 ～ 106 克，果皮黄褐色，密被短茸毛。果肉黄色或绿黄色，质细多汁，酸甜或甜，风味清香，含可溶性固形物 12% ～ 17%、总糖 6% ～ 12%、柠檬酸 0.8% ～ 1.5%、维生素 C 120 ～ 148 毫克 /100 克鲜重。果实耐贮性较差，货架寿命短。在武汉植物园种植，平均果重 66 克左右，硬果后熟需要 10 天，软熟（硬度 0.3 千克 / 平方厘米）果实含可溶性固形物 11%、总糖 7%、有机酸 1.3%、维生素 C 169 毫克 /100 克鲜重（图 5-17，图 5-18）。

植株生长势中等，萌芽率 40% ～ 65%，结果枝率 53% ～ 97%。嫩梢先端浅驼色，一年生枝紫褐色；叶片近心脏形，绿色，有光泽；花多单生，着生在果枝的第 1 ～ 9 节，多生于第 1 ～ 4 节，以短果枝结果为主，坐果率约 95%。栽后 2 ～ 3 年开始结果，丰产稳产，四年生株产平均约 8 千克以上。

该品种在海拔较高和低丘、平原地区均可种植，抗风、抗虫及抗高温干旱能力较强，对土壤要求不严格，耐粗放管理，适宜密植和乔化栽培。

在湖北武汉，3 月中旬萌芽，4 月下旬开花，10 月上、中旬果实成熟。配套雄性品种是‘磨山 4 号’。

第二节 优良品种

1 楚红 *Chuhong*

由湖南省园艺研究所于1994～2004年从野生资源中选育的猕猴桃新品种，2004年9月通过湖南省农作物品种审定委员会的现场鉴定，2005年3月通过省级品种审定（钟彩虹等，2005）。

果实长椭圆形或扁椭圆形，平均果重70～80克，果皮深绿色无毛，果点粗。果肉黄绿色，近中央部分中轴周围呈艳丽的红色，横切面从外到内呈现绿色–红色–浅黄色（图5-19，图5-20）。果肉细嫩，风味浓甜可口，可溶性固形物平均含量14%～18%，最高可达21%，有机酸含量1%～2%，固酸比约11∶1；香气浓郁，品质上等。果实贮藏性一般，在湖南长沙，9月中下旬采收后，在室温下贮藏7～10天即开始软熟，约15天开始衰败变质。生产上宜采用冷藏，在低温（2℃左右）冷藏条件下可贮藏3个月以上。在武汉植物园种植，平均果重约60克，硬果后熟需要7天，软熟（硬度0.3千克/平方厘米）果实含可溶性固形物14%、总糖9%、总酸2%、维生素C 100～150毫克/100克鲜重，果肉绿色。

植株生长势较强，萌芽率约55%，结果枝率约85%。花为单花，少数聚伞花序，果实着生在结果枝的第2～10节，每个结果枝坐果3～8个，平均坐果6个，坐果率超过95%。开始结果早，丰产稳产，嫁接苗定植后第二年结果，第三年平均株产18千克以上，第四年平均株产32千克左右。

该品种适应范围广，具有较强的抗高温干旱和抗病虫能力，在中低海拔地区均能生产栽培，而以夏季7、8月平均气温在27℃以内，湿度较大的区域栽培最能体现其果实红心的特性。

在湖北武汉，3月中旬萌芽，4月底至5月初开花，9月下旬果实成熟，但由于武汉夏秋高温，果肉不表现红色。配套雄性品种是‘磨山4号’。

图5-19 ‘楚红’结果状

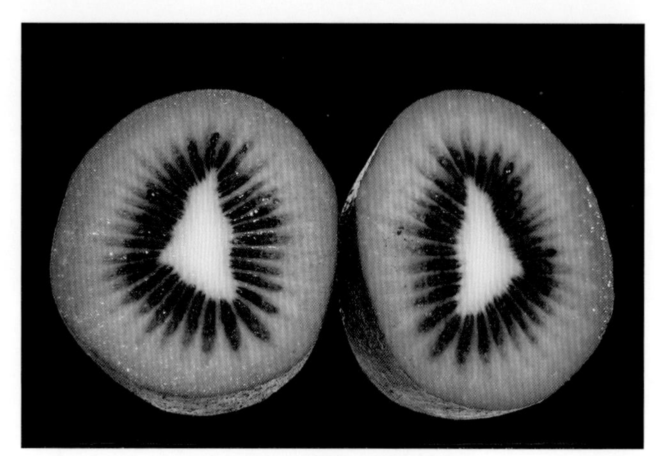

图5-20 ‘楚红’果实切面

2 川猕3号 *Chuanmi No.3*

由四川省苍溪县农业局等单位于1982～2002年从河南野生中华猕猴桃资源中选育而成，原代号82-2，1987年命名，后经进一步遗传稳定性鉴定和区域试验，2002年通过省级品种审定。

果实为短圆柱形，果形整齐，平均果重90克，果皮褐色、有光泽。果肉浅黄色，质细多汁，浓甜，有香气，含可溶性固形物15%、有机酸1%、维生素C 217毫克/100克鲜重。果实采收后在常温下可放7～10天（崔致学等，1993）。在武汉植物园种植，平均单果重

图 5-21 ‘川猕 3 号’结果状

图 5-23 ‘东红’结果状

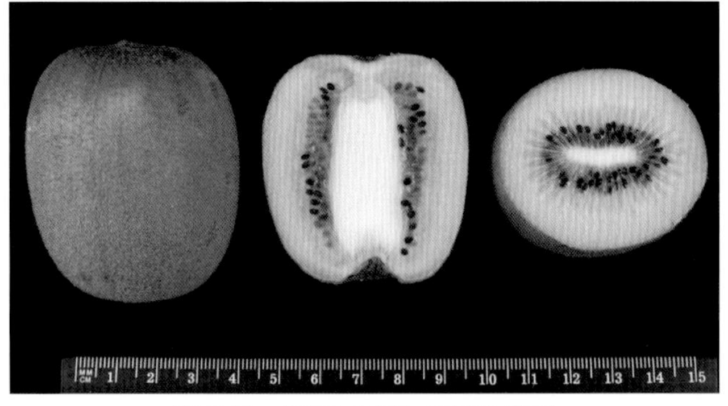

图 5-22 ‘川猕 3 号’果实及切面

图 5-24 ‘东红’果实切面

66 克左右，硬果后熟需要 14 天，软熟（硬度 0.2 千克 / 平方厘米）果实含可溶性固形物 16%、总糖 11%、有机酸 1.3%、维生素 C 115 毫克 /100 克鲜重（图 5-21，图 5-22）。

树势旺盛，萌芽率为 86%，结果枝率为 92% ~ 100%，结果枝着生于结果母枝上的第 4 ~ 20 节，花序多着生在结果枝上的第 1 ~ 5 节。芽接苗定植后第二年开始结果，五年生树平均株产 13 ~ 26 千克。

在湖北武汉，3 月上旬萌芽，4 月中旬开花，9 月上、中旬成熟。配套雄株是‘磨山雄 1 号’。

3 东红

Oriental Red

由中国科学院武汉植物园于 2001 ~ 2010 年从‘红阳’实生后代中选育而成，2011 年申请新品种保护，获得授理，2012 年 12 月通过国家品种审定（国 S-SV-AC-031-2012）。

果实长圆柱形，平均果重 70 ~ 75 克，果顶圆、平，果面绿褐色，光滑无毛，整齐美观，果皮厚，果点稀少。果肉金黄色，果心四周红色鲜艳，色带略比‘红阳’窄（图 5-23，图 5-24）；肉质地细嫩，汁中等多，风味浓甜，香气浓郁，含可溶性固形物 15% ~ 21%、干物质 18% ~ 23%、总糖 10% ~ 14%、有机酸 1.0% ~ 1.5%、维生素 C 100 ~ 153 毫克 /100 克鲜重；矿质营养丰富，特别是钾（2600 毫克 / 千克）和钙（446 毫克 / 千克），果实含钙量高有利于贮藏，这可能是该品种果实的耐贮性远强于‘红阳’的原因之一。果实采后 30 ~ 40 天以后才开始软熟，果实微软时就可食用，食用期长，均在 15 天以上。

树势中等偏旺，枝条粗壮，一年生枝茶褐色，二年生枝红褐色，老枝黑褐色。叶片大，叶色浓绿，叶正面平展，深绿色无毛；叶背绿色，被毛灰绿色；叶脉绿色，叶柄向阳面有微红色，被毛灰绿色；叶基部心形。花瓣 5 片，基部分离，乳白色，花冠直径 4.2 厘米，柱头直立，32 ~ 35 枚，花药 56 ~ 60 枚，雄蕊退化。

该品种萌芽率约 70%，果枝率约 88%，坐果率 95%。平均每果枝有花序 5 ~ 9 个，在结果枝的第 1 ~ 9 节着生，花有单花、二花和三花，幼树以单花为主，单花占 88% ~ 100%；成年树以三花和单花为主，三花和单花分别约占 43%、46%。嫁接苗定植第二年少量结果，第三年大量结果，第四年平均株产 13 千克以上。

在湖北武汉，2 月下旬萌芽，4 月上中旬开花，4 月中旬坐果，8 ~ 9 月果实成熟，11 月落叶休眠。

4 金农(鄂猕猴桃2号)
Jinnong

由湖北省农业科学院果树茶叶研究所于1980～2004年从湖北省房县收集的野生资源实生后代中选育而成,2004年5月通过省级品种审定(顾霞等，2009)。

果实卵圆形，平均果重80克，果皮薄，绿褐色，光洁无毛，梗洼极浅，萼片脱落，果顶微凸，果底平。果肉金黄色，汁液多，具芳香，酸甜适度，含可溶性固形物14%～15%、总糖6%～9%、有机酸1.3%～1.7%、维生素C 65～95毫克/100克鲜重。果实在常温下仅可贮存10～15天，冷藏贮存可保存在1个月以上。在武汉植物园种植，平均果重约60克，硬果后熟需要10天，软熟(硬度0.4千克/平方厘米)果实含可溶性固形物13%、总糖8%、有机酸1.5%、维生素C 103毫克/100克鲜重(图5-25，图5-26)。

生长势较强，萌芽率约64%，结果枝率约82%。枝梢生长量适中，一年生枝紫褐色，较光滑。叶片小而厚，蜡质层厚。坐果率约62%，以中短果枝结果为主，平均每果枝坐果2～5个，多从结果母枝的第4～8节抽生，第2～5节为主要坐果节位(占总坐果节位的95%以上)。嫁接苗定植第二年结果，第三年投产，对土壤适应性强。该品种在上海市阳泾园艺场引种试验，三年生树平均株产约15千克，表现有较强的抗病虫害、抗旱、抗热性能，抗风力强。

在湖北武汉，3月初萌芽，4月上中旬开花，果实9月下旬成熟。配套雄性品种是‘磨山雄1号’。

图5-25 ‘金农’结果状

图5-26 ‘金农’果实切面

5 金阳(鄂猕猴桃3号)
Jinyang

由湖北省农业科学院果茶研究所于1982～2004年从湖北省崇阳县收集的野生资源中选育而成，于2004年5月通过省级品种审定(顾霞等，2009)。

果实长椭圆形，整齐美观，平均果重约85克，梗洼极浅，果顶微凸，萼片脱落；果面较光滑，果皮极薄，棕绿色，周围茸毛密而较长。果肉黄色，汁液多，含可溶性固形物15%、有机酸1.4%、维生素C 56毫克/100克鲜重，肉细嫩，具清香，酸甜可口，品质上等。在武汉植物园种植，平均果重83克左右，硬果后熟需要5天，充分软熟果实约含可溶性固形物15%、总糖9.5%、有机

图 5-27 ‘金阳’结果状

图 5-29 ‘丰硕’结果状（由王中炎提供）

图 5-28 ‘金阳’果实及切面

图 5-30 ‘丰硕’果实切面（由王中炎提供）

酸 1.3%、维生素 C 101 毫克 /100 克鲜重（图 5-27，图 5-28）。

树势较强，萌芽率 42%，结果枝率 75%。枝条粗壮充实，节间中长，一年生枝紫褐色，多年生枝黑褐色，芽眼外露。叶片纸质，较大；花大，单花、双花或三花着生。结果枝多从结果母枝的第 4 ~ 11 节处抽生，以中长果枝结果为主，果实主要着生在结果枝的第 2 ~ 5 节，平均坐果 3 ~ 6 个，多者达 8 个。嫁接苗第二年结果，平均株产约 8 千克，第 4 ~ 5 年进入盛产期，平均株产 20 ~ 27 千克。因果实耐贮性稍差，宜在交通方便的丘陵或山地种植。

在湖北武汉，3 月上旬萌芽，4 月中、下旬开花，9 月上旬果实成熟。配套雄性品种是‘磨山 4 号’。和‘金雄 3 号’雌雄比 5 ~ 8 : 1。

6 丰硕

Fengshuo

由湖南省园艺研究所与长沙楚源果业共同从红阳实生后代中选育，2010 年通过湖南省种子管理局的现场评议，2011 年通过省级品种审定（审定编号 XPD026-2011）（王中炎等，2011）。

果实椭圆形，果顶平坦，果实大，平均果重 110 克，果皮黄绿色，果面光滑无毛，色泽光亮，果点较小。果肉黄绿色，肉质细嫩，风味浓甜纯正，含可溶性固形物平均约 18%，最高达 21.6%，有机酸 1.3%，维生素 C 156 毫克 /100 克鲜重（图 5-29，图 5-30）。耐贮性中等，常温（湖南长沙 9 月下旬 25℃）下采后 5 ~ 7 天软熟，10 天开始衰败。在 0℃下可贮藏 5 个月。

树势旺，嫩梢底色为灰绿色，有白色浅茸毛；一年生枝棕褐色，皮光滑无毛，皮孔稀；多年生枝深褐色，皮孔纵裂有纵沟。叶片近圆形或阔椭圆形、厚；正面深绿色，蜡质多，有明显光泽；背面浅绿色，上有白色茸毛；基部心形；叶柄褐绿色，有浅茸毛。花多单生，少数为聚伞花序，萼片 6 枚，绿色瓢状，花瓣 6 ~ 7 枚，倒卵状，子房长圆形，有白色茸毛。

结果能力强，丰产性好，结果母枝的萌芽率约 74%，果枝率 95%，平均每果枝着花 4 ~ 6 朵，成年树株产 24 千克。

在湖南长沙，2 月下旬萌芽，3 月上旬展叶，4 月上中旬开花，9 月下旬果实成熟，12 月上旬落叶休眠。

7 丰悦（湘酃 80–2）
Fengyue

由湖南省园艺研究所等单位于1979～2000年从野生资源中选育而成。原代号‘湘酃 80-2’，2000年通过省级品种审定（钟彩虹等，2002）。

果实椭圆形或近圆形，整齐美观，平均单果重83～95克，果皮绿褐色，果面光滑无毛。果肉黄绿色或深黄色，肉质细嫩多汁，风味浓甜，含可溶性固形物13%～16%，最高可达19%；总糖5%～9%，有机酸1.4%～1.9%，维生素C 84～163毫克/100克鲜重，香气浓郁。在武汉植物园种植，平均果重75克左右，硬果后熟需要7天，软熟（硬度0.4千克/平方厘米）果实含可溶性固形物16%、总糖11%、有机酸2.1%、维生素C 101毫克/100克鲜重（图5-31，图5-32）。

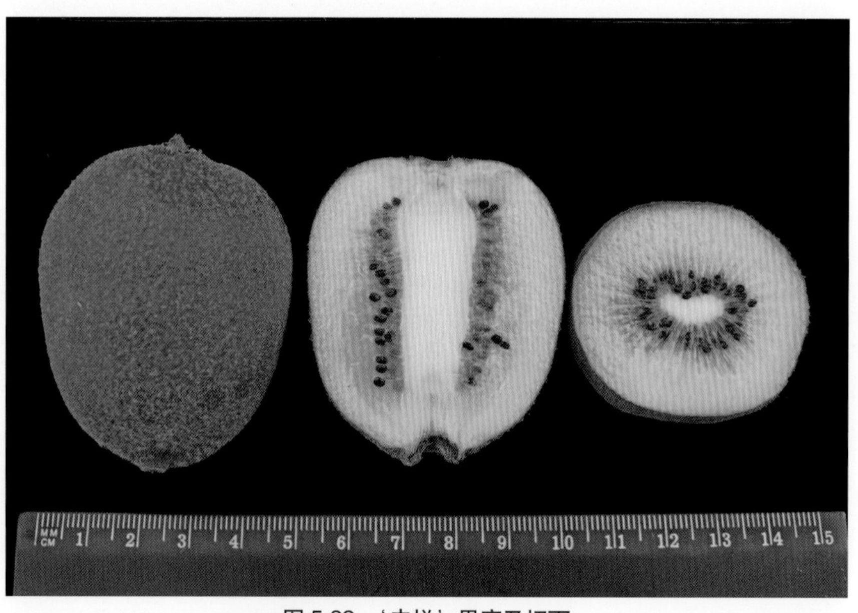

图5-32 ‘丰悦’果实及切面

图5-31 ‘丰悦’结果状

植株生长势中等，成花能力强，萌芽率47%，结果枝率94%，结果枝平均坐果数约5个，表现出丰产的性状。嫁接苗定植第二年普遍结果，盛果期株产35～37千克，抗逆性（抗高温干旱、抗风力、抗病性）均强，在不同海拔高度的地区栽培时均能正常生长结果，而以海拔400～1000米最佳。

在湖北武汉，3月上旬萌芽，4月中旬开花，9月中旬果实成熟。配套雄性品种是‘磨山雄1号’。

8 桂海4号
Guihai No.4

由广西植物研究所于1980～1992年从龙胜县江低乡野生猕猴桃资源群中选育而成，1992年通过省级鉴定，

1996年通过省级品种审定。

果形为阔卵圆形，平均果重60～80克，果顶平，果底微凸；果皮较厚，果斑明显，成熟时果皮黄褐色，感观好。果肉绿黄色，细嫩，酸甜可口，味清香，风味佳，鲜果含可溶性固形物15%～19%、总糖9%、有机酸1.4%、维生素C 53～58毫克/100克鲜重（图5-33，图5-34）。其加工性能好，加工产品的品质稳定，风味好（崔致学，1993）。

植株生长势中等，高产、稳产，极少落果，最高株产可超过62千克。抗逆性强。在长期高温干旱的条件下，其他品种产量低下，而它的株产仍能达到17千克。抗炭疽病、日灼病能力强，感病率低。在广西于9月上旬成熟。

在湖北武汉，3月初萌芽，4月上中旬开花，果实9月中旬成熟，12月底落叶休眠。

图5-33 ‘桂海4号’结果状

图5-34 ‘桂海4号’果实切面

9 赣猕5号

Ganmi No.5

由江西省瑞昌市农科所从当地野生资源中选出的优良矮化类型新品种，于2000年4月通过省级品种审定（幸珍松等，2001）。

果实苹果形，果喙端平，平均果重85克，果皮浅褐色。果肉翠绿色，风味甜酸适口，香气浓郁，含可溶性固形物17%、总糖12%、有机酸1.5%、维生素C 84毫克/100克鲜重。果实耐贮藏，鲜食与加工俱佳。

树势较强旺，萌芽率49%，果枝率24%，且株型紧凑，节间和枝条特短，冠幅小，中长结果枝和营养枝平均节间长3.7厘米，嫩枝青灰色，一年生枝条红褐色，枝条顶部无逆时针缠绕现象。花多单生，少数序生，每花序2～3朵，丰产性能好。二年生树株产可达7千克，第三年进入盛果期，株产可达15千克。新梢和花芽对春季寒潮有较强的抵抗能力，抗病虫能力也较强。

在江西瑞昌，果实10月上旬成熟。

10 红华
Honghua

由四川省自然资源研究所和苍溪县农业局采用杂交育种选育而成的大果型红肉新品种，母本是选育‘红阳’的同一批育种材料中的单株，该单株长势弱、而果实小，果肉红色，风味特佳；父本是长势强旺、果实较大、果肉绿色、风味次之的美味猕猴桃雄株。于2004年10月通过省级品种审定(川审果树2004003)，并获得植物新品种权保护(王明忠等，2006)。

果实长椭圆形，平均果重97克，果皮黄褐色，果面有极短的细茸毛，成熟时全脱落而光滑，果脐平坦或微凸(图5-35)。果肉沿中轴红色，横切面红色素呈放射状分布。肉质细嫩，有香气和蜂蜜味，口感佳，含可溶性固形物19%、总糖12%、有机酸1.4%、维生素C 70毫克/100克鲜重。果实耐贮性中等，在常温下可贮藏20天左右，在冷藏条件(1℃)下贮藏100～120天。在武汉植物园种植，平均果重60～75克，软熟果实含可溶性固形物18%、总糖12%、有机酸1.5%、维生素C 53毫克/100克鲜重，果肉绿色或黄绿色，种子区果肉略现红印或无红色。

生长势强旺，萌芽率70%，成枝率和果枝率均高。坐果率90%，以中、长果枝结果为主，花着生在第2～7节，花量大，单花结果。嫁接苗第三年结果，第五年进入盛果期，平均株产18～24千克。

该品种抗逆性较强，春夏季无卷叶和枯焦现象，栽培中若连续5天以上强日照，必须灌溉保湿。花期怕低温阴雨，抗病虫能力较强。

在湖北武汉，3月上旬萌芽，4月中旬开花，9月下旬果实成熟。

图5-35 ‘红华’结果状(四川余中树提供照片)

11 红什1号
Hongshi No.1

由四川省自然资源科学研究院从‘红阳’实生后代中选育而成，于2012年通过省级品种审定(李光，2011)。

果实圆柱形，平均果重85克，果皮较粗糙，黄褐色，具短茸毛，易脱落。果肉黄色，子房鲜红色，呈放射状，含可溶性固形物18%、总糖12%、维生素C 147毫克/100克鲜重，抗旱性和抗病力较强，抗涝力较弱。定植第三年全部结果，第四年进入盛果期，平均株产20～30千克。

12 和平红阳
Heping Hongyang

广东省仲恺农业技术学院生命科学学院与和平县水果研究所共同从引进的‘红阳’(苍溪1-3)接穗中选育而成。1999年从四川省苍溪县石马镇猕猴桃协会试验基地引进，2000～2005年经多年多点嫁接观察，于2006年通过省级品种审定(梁红等，2006)。

果实圆柱形兼倒卵形，果形美观，平均果重约60克。果肉黄色，果心呈辐射状红色，味香甜，口感好，含可溶性固形物16%～18%、总糖9%～11%、有机酸1.2%～1.3%、维生素C 55～65毫克/100克鲜重。果实采收后常温下可贮藏6～8天。

植株生长旺盛，主干分枝节位较低，节间较短，叶片较小呈近圆形。成花容易，枝条嫁接第二年开始结果，盛果期平均株产8～13千克。该品种适应性较广，耐寒耐旱，在冬季较冷的粤北高寒山区均能正常开花结果。

在广东省和平县，3月上旬萌芽，4月初开花，8月中旬成熟。

13 Hort16A(早金)
Hort16A

由新西兰园艺与食品研究所杂交选育而成，母本是中华猕猴桃‘CK-01-

图 5-36 ‘Hort16A’结果状（四川）

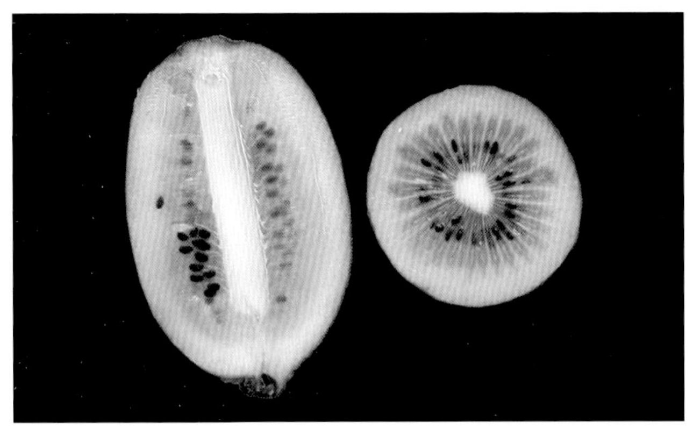
图 5-37 ‘Hort16A’果实切面（四川）

图 5-38 ‘金霞’结果状

图 5-39 ‘金霞’果实及切面

01’（Don Mckenzie 1977 年从中国北京植物园引入的实生后代），父本是中华猕猴桃‘CK15-01’（Ron Davison 和 Michael lay Yee 1981 年从中国广西桂林植物学院引入的实生后代）。该品种 1993 年在新西兰申请植物品种权保护，于 1995 年 11 月获得批准。近几年已引入国内试种。

果实为长卵圆形，果顶尖、具喙，平均果重 100 克左右。果肉黄色至金黄色，味甜具芳香，肉质细嫩，风味浓郁，含可溶性固形物 15% ~ 19%、干物质 17% ~ 20%。果实贮藏期较长，冷藏（1±0.5℃）条件下可贮藏 17 周，果实货架期可达 10 天（图 5-36，图 5-37）。

树势旺，叶片大而薄，枝蔓较直立，极易形成花芽，坐果率可达 90% 以上，结果母枝上第 2 ~ 22 节均能形成结果枝，花单生，以短果枝（5 ~ 10 厘米）结果为主，并具较强的连续结果能力。

在四川蒲江县，2 月下旬萌芽，4 月中旬开花，4 月下旬坐果，9 月下旬成熟。

14 金霞

Jinxia

由中国科学院武汉植物园于 1981 年从江西省武宁县野生猕猴桃资源中选育而成，原编号‘武植 81-9’，2005 年通过国家品种审定，定名为‘金霞’（国 S-SV-AC-017-2005）。

果实近圆柱形，平均果重 85 克，果面灰褐色，果顶微凹，密被灰色短绒毛。果肉淡黄色或黄绿色，果心小，汁多味甜，含可溶性固形物 15%、总糖 7% ~ 11%、有机酸 1.0% ~ 1.8%、维生素 C 110 毫克 / 100 克鲜重（图 5-38，图 5-39）。果实较耐贮藏，采收后经 20 天后熟，品质上等，适于鲜食与加工。

树势健壮，叶片厚，纸质，叶色浓绿。枝条连续结果能力强，结果枝率约 83%，多为单花结果，雌花着生于结果枝的第 1 ~ 8 节，每果枝平均果数 5 ~ 6 个，坐果率约 54%。嫁接苗定植第二年有 80% 植株始果，丰产稳产，盛果期最高株产 80 千克。抗金龟子、抗风、抗热能力强。

在湖北武汉，3 月中旬萌芽，4 月下旬至 5 月初开花，9 月下旬至 10 月上旬成熟。配套雄性品种是‘磨山 4 号’。

15 金早

Jinzao

由中国科学院武汉植物园于 1980 年从江西武宁县野生猕猴桃资源中选育而成，原代号‘武植 80-2’，2005 年通过国家品种审定，命名‘金早’（国 S-SV-AC-016-2005）。

果实卵圆形，果顶突出，果肩平，果实大，平均果重 102 克，果皮黄褐色，果肉黄色，果心软且中轴胎座小，质细、汁多味甜，清香（图 5-40，图 5-41）；含可溶性固形物 13%、总糖 5%、有机酸 1.7%、维生素 C 124 毫克 /100 克鲜重。果实采收后经 10 天软熟。

该品种树势中庸，株型紧凑，当年生枝青绿色，老枝深黄褐色，皮孔长椭圆形。枝条萌发率、成枝率均高。雌花着生节位低，多为单生，以短果枝结果为主，果枝多从结果母枝的第 2 ~ 4 节着生，多年生枝的潜伏芽也能抽生结果枝，结果能力强。嫁接苗定植第二年有 76% 的植株开花结果，最高株产 4.5 千克，5 年后进入盛果期，平均株产约 14 千克。

在湖北武汉，3 月中旬萌芽，4 月底始花，8 月下旬果实成熟，是弥补市场空缺的优良极早熟品种。配套雄性品种是‘磨山 4 号’。

图 5-40 ‘金早’结果状

图 5-41 ‘金早’果实及切面

16 金圆

Jinyuan

由中国科学院武汉植物园于 2002 年采用 M3（‘金艳’）与中华红肉猕猴桃雄株杂交，从 F_1 代群体中选育而成，2012 年 12 月通过国家品种审定（国 S-SV-AC-030-20132）。

果实短圆柱形，平均果重 84 克，果面黄褐色，密被短绒毛，不脱落，果喙端平或微凹，果肩平，美观整齐，与园区保存的父本中华红肉猕猴桃的雌株所结果实极相似。果实横切面为圆形，中轴胎座小，质地软，可食用。果肉金黄或深橙黄色，细嫩多汁，风味浓甜微酸，含可溶性固形物 14% ~ 17%、可溶性总糖 10%、有机酸 1.3%、干物质含量 17%、维生素 C 122 毫克 /100 克鲜重，矿质元素含量丰富，其中含钾 220 毫克 /100 克鲜重，钙 35 毫克 /100 克鲜重（图 5-42，图 5-43）。果实极耐贮藏，当可溶性固形物含量在 8.6% 时采收，果实需要 34 天软熟。在贮藏过程中果皮易失水起皱，贮藏期间需要保湿。

树势强旺，枝条粗壮，一年生枝茶褐色，二年生枝红褐色，与‘金艳’相似；叶色浓绿，叶片较大，叶厚，叶柄向阳面有微红色，叶基部连接，叶脉黄绿色；花有单花和序花，以序花为主，三花率 70% ~ 90%，主要着生在果枝的第 1 ~ 6 节上，花瓣乳白色，6 ~ 7 枚，基部分离，花冠直径约 4.5 厘米，柱头直立，34 ~ 40 枚，花药 56 ~ 60 枚，药大而色黄，雄蕊退化。

其萌芽率较高约 67%，果枝率 86%。结果性能好，坐果率 95%，以长枝结果为主，其中 100 ~ 150 厘米的结果枝占 42%；其次为短果枝，10 ~ 50 厘米长的果枝占 21%，小于 10 厘米长的果枝占 29%。株行距 3 米 ×4 米时，嫁接苗第四年平均株产

图 5-42 ‘金圆’结果状

图 5-44 ‘建科 1 号’结果状

图 5-43 ‘金圆’果实切面

图 5-45 ‘建科 1 号’果实及切面

可达 47 千克。此外，该品种果实的果柄极短，约 2 厘米，抗风性好。

在湖北武汉，3 月上中旬萌芽，4 月下旬至 5 月初开花，9 月底至 10 月上旬成熟，12 月落叶休眠。果实成熟期比母本‘金艳’品种提早 1 个月，而与父本中华红肉猕猴桃的雌株果实成熟期相当。

17 建科 1 号

Jianke No.1

由福建省建宁县猕猴桃实验站从当地野生资源中经多年驯化筛选、培育出的优良新品系，1988 年由福建省科委组织通过品种鉴定而命名（姜景魁等，1993）。

果实长卵形，平均果重 82 克，果皮黄褐色，具棕褐色茸毛，果皮薄，易剥离。果肉浅黄色，肉质细，汁液多，酸甜适度，香气宜人，含可溶性固形物 14% ~ 17%、可溶性总糖 9%、有机酸 1.1%、维生素 C 240 毫克 /100 克鲜重。果实较耐贮藏，室温下可存放 20 天左右。在武汉植物园种植，平均果重 83 克左右，果实采收时可溶性固形物在 9% ~ 13% 时，硬果后熟需要 22 天，软熟（硬度 0.5 千克 / 平方厘米）果实含可溶性固形物 15%、可溶性总糖 11%，有机酸 1.1%，维生素 C 183 毫克 /100 克鲜重，果肉黄白色，口感微甜（图 5-44，图 5-45）。

生长势强，枝条生长健壮，萌芽率 71%。叶片大而厚，叶色浓绿。以长中果枝结果为主，占总果枝的 49%，且所结果实大而均匀；平均每果枝结果 4 个，以果枝基部第 2 ~ 6 节为主要结果部位。嫁接苗定植第二年即可开花结果，三年生植株平均株产可达 11 千克以上。该品种适应性广，经福建省各地及云南、江西引种栽培，均表现良好，在南方多雨、高温的条件下，抗病性强，同时又具有耐旱、耐日灼的优点，产量稳定，大小年现象不明显。

在湖北武汉，3 月中旬萌芽，4 月下旬开花，10 月上中旬成熟。配套雄性品种是‘磨山 4 号’。

18 庐山香
Lushanxiang

由江西庐山植物园等单位于1979年从江西武宁县罗溪乡坪源村野生猕猴桃资源中选育而成，1985年11月通过省级鉴定(朱鸿云，2002)。

果实长圆柱形，整齐均匀，平均果重90克，果皮浅黄色至棕黄色，茸毛黄色，极易脱落，果点较大，柱头黑色宊宿存。果肉淡黄色，肉质细嫩多汁，味甜，香味浓，含可溶性固形物9%～17%、可溶性总糖13%、有机酸1.5%、维生素C 160～170毫克/100克鲜重。果实耐贮性较差。在武汉植物园种植，平均果重90克左右。硬果后熟需要8天，软熟(硬度0.14千克/平方厘米)果实含可溶性固形物14%、可溶性总糖9%、有机酸1.8%、维生素C 150毫克/100克鲜重，果肉黄绿色，口感味酸，淡(图5-46，图5-47)。

树势强旺，枝条生长快，花量多，坐果率高，该品种在各地引种后反映良好。嫁接苗定植第二年开始结果，在管理好的情况下，盛果期平均株产达16千克以上，但容易出现大小年结果现象，对田间管理要求高。

在湖北武汉，3月上旬萌芽，4月中下旬开花，9月中旬成熟。配套雄性品种是'磨山4号'。

19 满天红
Mantianhong

由中国科学院武汉植物园从开放授粉的毛花猕猴桃培育的实生群体中选育而成。2009年通过省级品种审定，定名'满天红'(鄂S-SV-AC-006-2009)。

果实为长卵圆形，平均单果重72克，果皮浅褐色，有短茸毛，成熟时脱落，果顶微凸，果蒂平，果点密集，突出。果肉黄色，含可溶性固形物14%～18%，平均为16.7%，总糖12.3%，有机酸1.7%，维生素C 448毫克/100克鲜重，果实耐贮藏(图5-48，图5-49)。

植株长势中等，株型紧凑，萌芽率65%，老枝黄褐色，一年生枝绿色；叶片近扇形，纸质具光泽，花冠玫瑰红色，非常艳丽，直径4.2厘米，花瓣6～11枚，花着生在结果枝的第1～7节，以中短果枝结果为主(图5-50)。'满天红'不仅具有很好的花色，而且果实的经济价值也很高，是一个鲜食与观赏兼用的独特良种。

图5-46 '庐山香'结果状

图5-48 '满天红'结果状

图5-47 '庐山香'果实及切面

图5-49 '满天红'果实及切面

图 5-50 ‘满天红’开花状

图 5-51 ‘素香’结果状

图 5-52 ‘素香’果实及切面

在湖北武汉，3月中旬萌芽，4月中旬开花，花期长达10天以上，果实成熟期9月底至10月初。配套雄性品种是‘磨山雄1号’。

20 素香

Suxiang

由江西省农业科学院园艺研究所从野生资源中选出的优良品种，1997年通过省级品种审定。

果实长椭圆形，端正整齐，平均果重98～110克，商品果率达85%以上。果肉绿黄色，含可溶性固形物13%～17%、可溶性总糖8%～13%、总酸1.3%～1.7%、维生素C 200～300毫克/100克鲜重，味酸甜可口，风味浓，有香味。果实较耐贮藏，正常采收后在20～25℃的室温下可存放15～20天（陈东元等，1999）。在武汉植物园种植，平均单果重53克左右，硬果后熟需要21天，软熟（硬度0.10千克/平方厘米）果实含可溶性固形物16%、可溶性总糖11%、有机酸1.7%、维生素C 230毫克/100克鲜重（图5-51，图5-52）。

该品种树势中等，以中短果枝结果为主，果实着生在结果枝的第1～5节，结果多，定植后第二年结果，第三年平均株产约5千克，第五年平均株产可达20～24千克。抗性强，其适应性较强。该品种树势易衰弱，盛果期后应注意加强肥水和花果的管理，大年加强疏花疏果，保留合理的挂果量。

在湖北武汉，3月中旬萌芽，4月中下旬开花，9月底至10月初成熟。配套雄性品种是‘磨山4号’。

21 晚红
Wanhong

陕西省宝鸡市陈仓区桑果工作站、岐山县猕猴桃开发中心、眉县园艺站和周至县猕猴桃试验站于1998年从四川省苍溪县猕猴桃研究所引进'红阳'接穗，经高接换种后于2002年发现一晚熟优株，经子代鉴定和区试，2009年3月通过省级品种审定（贾谭科等，2009）。

果实圆柱形，整齐，平均果重90克，果顶平或突出，梗洼浅；果皮厚，褐绿色，难剥离，被褐色软短茸毛，成熟时果面较光滑。果肉黄绿色，果心四周红色，质细多汁，味甜适口，风味浓香，含可溶性固形物16%、有机酸1.2%、维生素C 97毫克/100克鲜重，果心小、柱状（图5-27）。在陕西宝鸡秦岭9月下旬，果实采后的后熟期20～30天。在武汉植物园种植，平均果重50～60克，硬果后熟5～7天，软熟（硬度0.10千克/平方厘米）果实含可溶性固形物19%～21%，干物质含量19%～20%，果肉绿色，果心四周有红色（图5-53，图5-54）。

生长势中等，萌芽率较高，成枝力强。枝条粗壮充实，以长、中果枝结果为主，结果枝从基部第三节开花结果。'晚红'适应性较广，抗日灼，抗寒、抗晚霜。

在陕西省宝鸡秦岭北麓区域，3月中旬萌芽，4月下旬开花，花期持续5～7天，果实9月下旬成熟。在湖北武汉地区，3月上旬萌芽，4月中旬开花，果实9月中旬成熟。

22 皖金
Wanjin

由安徽农业大学园艺系与皖西猕猴桃研究所从安徽野生资源'81-5'的实生后代中选育而成，2009年12月通过省级品种审定（贾兵等，2011）。

果实卵圆形，平均果重133克，果皮棕色，表面较光滑，有短茸毛；

图5-53 '晚红'结果状

图5-55 '皖金'结果状（由朱立武提供）

图5-54 '晚红'果实切面

图5-56 '皖金'果实及切面（由朱立武提供）

果肉黄色，质细嫩，含可溶性固形物约12%、可溶性总糖9%、有机酸0.9%、维生素C 76毫克/100克鲜重（图5-55，图5-56）。果实耐贮，常温下可贮藏14天，0～5℃冰箱中可贮藏6个月。

植株枝条深褐色，着生有短茸毛，表皮粗糙，皮孔大而多；冬芽大而饱满，芽苞外露；叶片近圆形，叶尖急尖。花朵较小，初花时呈白色，后逐渐变为淡黄色，花谢时呈黄色，花瓣、花萼5～6枚。

植株生长势强，萌芽率53%，结果枝率54%，结果枝抽生在结果母枝的第2～5节上，以短果枝结果为主，短果枝占总结果枝数的50%，中果枝、长果枝和徒长性果枝分别占总结果枝数的19%、19%和12%。嫁接苗定植后，第二年即开始结果，第四年平均株产可达15千克，盛果期平均株产30千克。该品种适应性强，对根线虫病、叶斑病等抗性较强，生长期病虫危害轻。

在安徽合肥，该品种3月上旬开始伤流，3月中旬萌芽，4月底至5月上旬开花，11月果实成熟。

23 豫皇1号(西峡1号)

Yuhuang No.1

由河南省西峡县猕猴桃生产办公室于2003年从当地野生猕猴桃资源中选育，2009年12月通过省级品种审定（田志刚等，2011）。

果实圆柱形，平均果重88克，果皮棕黄色，果面光洁，果顶稍凹或平，果形端正、漂亮；果心小而软，与果柄连接处有一小木质核，种子较少。硬果时果肉黄白色，软熟后果肉黄色，肉质细嫩，汁多，香甜味浓；含可溶性固形物16%～17%、总糖12%、有机酸1.4%、维生素C 160毫克/100克鲜重。果实耐贮藏（图5-57，图5-58）。

该品种树势健壮，萌芽率高，成枝力强，几乎所有枝条均能发育成结果枝，一般结果母枝能抽生6～8个结果枝，以中、长果枝结果为主，每个结果枝着生6～8个果，节间短。其嫁接苗第二年结果，第4～5年可进入盛果期，平均株产可达27千克。

该品种在河南西峡，3月初萌芽，4月中旬现蕾，5月初开花，盛花期3～4天，9月中旬果实成熟，11月下旬落叶。

图5-57 ‘豫皇1号’结果状（由郑州果树所齐秀娟提供）

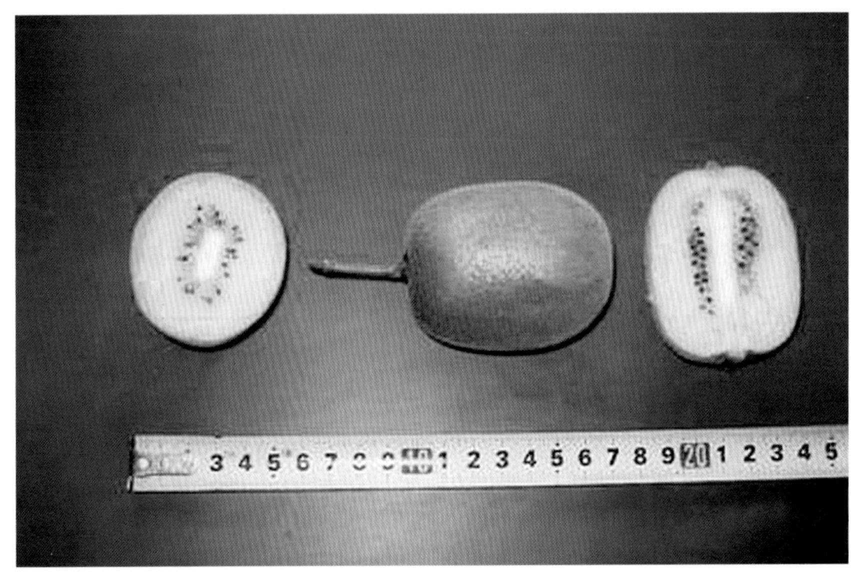

图5-58 ‘豫皇1号’果实及切面（由郑州果树所齐秀娟提供）

24 华光2号(豫猕猴桃3号)

Huaguang No.2

由河南省西峡县林业科学研究所从当地野生资源中选育，1984年经鉴定为优良品种，定名‘华光2号’。2000年通过省级品种审定,更名为‘豫猕猴桃3号’(朱鸿云，2002)。

果实为广卵圆形，整齐匀称，平均果重60～80克，果顶乳头状，果基平齐；果面黄褐色到褐色，光滑，皮薄。果肉浅黄，质细，致密，汁多，味纯正，酸甜，富有浓香；含可溶性固形物13%，总糖7%，有机酸1.2%，维生素C 117毫克/100克鲜重(图5-59，图5-60)，品质上等。果实耐贮性一般，采后7天左右软熟。

图5-59 ‘华光2号’结果状

图5-60 ‘华光2号’果实切面

该品种具有结果早，丰产稳产，品质佳，风味好和营养成分丰富等优良经济性状，5年生树平均株产14千克。适应性强，抗旱、抗寒性较强，但抗虫性和抗叶斑病能力较弱。

在湖北武汉，3月上旬萌芽，4月中下旬开花，果实9月中旬成熟。

25 源红

Yuanhong

由湖南园艺研究所与长沙楚源果业有限公司于2003～2009年从‘红阳’实生后代中选育的红心新品种，2011年通过省级品种审定(审定编号：XPD027-2011)(王中炎等，2011)。

果实近椭圆形，果顶部略凹陷，平均果重约60克，果面光滑无茸毛，深绿色。果肉黄色，果心周围种子分布区果肉红色(图5-61，图5-62)。在湖南长沙夏季高温地区，其红色性状稳定表达。果肉细嫩多汁，风味浓甜，含可溶性固形物平均约18%，最高达19.5%，维生素C 204～258毫克/100克鲜重。果实耐贮藏，常温条件下(长沙8月中旬26～30℃左右)采收后7～10天软熟。

植株嫩梢底色为灰绿色，有白色浅茸毛，皮孔稀，灰白色；一年生枝棕褐色，皮光滑无毛，皮孔稀，灰白色，中等大，长椭圆形；多年生枝深褐色，皮孔纵裂有纵沟。叶片厚，叶近圆形或阔椭圆形，基部心形；正面

图 5-61 ‘源红’结果状（由湖南园艺所何科佳提供）

图 5-63 ‘云海 1 号’结果状

图 5-62 ‘源红’果实切面（由湖南园艺所何科佳提供）

图 5-64 ‘云海 1 号’果实切面

深绿色，蜡质多，有明显光泽；背面浅绿色，上有白色茸毛；叶柄褐绿色，有浅茸毛。花多为单花，少数聚伞花序；萼片 6 枚，绿色瓢状，花瓣 6 ~ 7 枚，倒卵状，盛花期白色；子房长圆形，有白色茸毛。

植株树势较强，结果母枝萌芽率为 76%，果枝率 94%，平均每新枝着花 4 ~ 6 朵，嫁接后第二年普遍结果，成年园株产 24 千克左右。

该品种耐热性强，在长沙地区，7 ~ 9 月高温季节落叶较少，无落果现象。

在湖南长沙地区，2 月下旬萌芽，3 月上旬展叶，4 月上旬开花，8 月初果实成熟，12 月上旬落叶休眠。

26 云海 1 号

Yunhai No.1

由江西庐山植物园于 1978 年从江西赣北地区野生猕猴桃种子实生后代中选育而成。2011 年 12 月通过省级品种认定（赣认猕猴桃 2011001）（韩世明等，2012）。

果实长圆柱形，顶部略尖，平均果重 86 克，果皮薄，果面棕褐色，有短茸毛易脱落。果肉淡黄色，肉质细嫩多汁，风味极佳，有香气（图 5-63，图 5-64）。果实含可溶性固形物 15% ~ 18%、总糖 9%、有机酸 1.5%、维生素 C 71 毫克 /100 克鲜重。果实耐贮藏，在常温下（江西庐山 10 月下旬 10 ~ 15℃）可存放 20 天。

树势较强，一年生枝浅褐色，被灰白色茸毛，木质化后脱落，节间平均长度 7 厘米，芽眼微突，有锈色短茸毛。叶纸质近圆形，嫩叶黄绿色，老叶暗绿色；叶背淡绿色，密被灰白色极短茸毛；叶柄较长，平均 9 厘米，叶柄向阳面紫褐色，阴面浅褐色。花大色白，有单花、双花和三花，花冠大，冠径 4.5 ~ 5.3 厘米，花瓣多 6 枚，基部叠合，花柱直立，花丝淡绿色，花药金黄色，椭圆形，有浓郁的花香味。适应性强，第三年平均株产 16 千克，最高株产 30 千克。

在庐山，3 月中下旬萌芽，4 月中旬现蕾，5 月中旬开花，10 月下旬果实成熟，11 月中下旬落叶休眠。

27 磨山4号

Moshan No.4

中国科学院武汉植物园于1984年从江西武宁县野生资源中选育出的优良雄性品种，2006年该品种通过了国家品种审定，定名为'磨山4号'（国S-SV-AC-016-2006）。

株型紧凑，节间短(1～5厘米)，长势中等，一年生枝棕褐色，皮孔突起，较密集；叶片肥厚，叶色浓绿富有光泽，半革质，叶形近似卵形，叶尖端较突出，基部心形，叶片较小。花为多歧聚伞花序，每序4～5朵花，

图5-65 '磨山4号'的花

图5-66 '磨山4号'蕾期

图5-67 '磨山4号'盛花期

而普通中华猕猴桃雄花为聚伞花序，2～3朵花(图5-65)。从4月中下旬开始初花，到5月上中旬结束，花期长达15～21天，比其他雄性品种花期长约7～10天，花期可以涵盖园区所有中华猕猴桃4倍体雌性品种（系）和早花的美味猕猴桃6倍体雌性品种的花期。花萼6片，花瓣6～10片,花径较大（4.0～4.3厘米），花药黄色，平均每朵花的花药数59.5个，每花药的平均花粉量40100粒，平均每朵花的可育花粉189.3万粒，发芽率75%。用它作授粉树可增加果实单果重量及维生素C的含量。

植株树势中等，萌芽率和花枝率均高，花枝率95%以上，以短花枝为主(图5-66，图5-67)。

在湖北武汉，花期为4月中旬至5月上旬，落叶期为12月中旬左右，抗病虫能力强。

28 和雄1号

Hexiong No.1

广东省和平县阳明镇莲塘坑果场2001年春季从浙江省乐清市仙溪镇果苗场调进的一批野生中华猕猴桃实生苗中偶然发现的优株，后经广

东仲恺农业工程学院生命科学学院和广东省和平县水果研究所合作对其高接子代鉴定。2009年4月18日通过广东省农作物品种审定委员会组织的专家现场鉴定（梁红等，2009）。

树势旺盛，新梢生长势强，枝叶茂盛。在广东和平县，每年4月2～7日始花，4月11～16日为盛花期，4月23～30日为终花期，花期22～25天，花单生或序花，花径大小为3.91±0.31厘米，每个春梢开花11～18朵，花药较大，约长3.2毫米、宽1.1毫米，花粉活力高，新鲜花粉的萌发率达80%以上。

经过多年的多点试验，在各试验点均能正常开花，开花习性稳定，开花数目多，花粉量大，是一个良好的猕猴桃授粉雄株品种，可以和多个主栽品种（如‘和平1号’、‘武植3号’、‘米良1号’、‘早鲜’和‘徐香’等）花期相遇。

第三节 优良品系

1 翠丰

Cuifeng

由浙江省农业科学院园艺研究所于1984年从野生资源中选育而成，1988年11月通过省级优株鉴定。

果实长圆柱形，整齐一致，平均果重60～80克，果肉绿色，果心小，质细多汁，酸甜适口，风味浓。果肉含可溶性固形物12%～16%、总糖7%～11%、有机酸1.0%～1.2%、维生素C 167～222毫克/100克鲜重，品质优。果实耐贮藏，在室温下可存放20～30天，冷藏150天后硬果完好率达95%，果实可作鲜食并可加工制成片、汁、酱等多种加工制品。

该品种树势强健，结果枝率76%，长、中、短3种结果枝的比例为6∶5∶11，以短果枝结果为主，花着生在结果枝的第1～10节，坐果率90%以上。一年生嫁接苗定植第二年结果，第三年平均株产5千克，最高株产8.9千克。在山地、丘陵和平原地区均可栽培。

在浙江，果实9月中旬至10月上旬成熟。

2 川猕4号

Chuanmi No.4

由四川省苍溪县农业局等单位于1983年从河南野生中华猕猴桃中选出（崔致学，1993）。

果实圆锥形，大而整齐，平均果重85克，果皮浅绿色，光滑、有光泽。果肉翠绿色，质细多汁，酸甜适口，有香气，含可溶性固形物15%、有机酸1.6%、维生素C 114毫克/100克鲜重。果实采收后在常温下可放7～10天。

该品种树势旺盛，枝条萌芽率为76%，成枝力强，以短、中果枝结果为主，结果枝着生于结果母枝上的第5～19节，花序多着生在结果枝上的第1～4节。嫁接苗定植后第二年开始结果，五年生树平均株产14千克，最高可达22千克。

在四川苍溪地区，伤流期在3月上旬，萌芽期在3月中旬，花期为5月上旬，果实成熟期在9月下旬。

3 超太上皇

Chaotaishanghuang

由山东省泰安市岱岳区徂徕镇鲁传祥从‘太上皇’（母本）和‘华光15’实生雄株为主的‘中华雄’杂交F_1代中选育而成，2003年8月经过省内专家组鉴评（鲁传祥，2004）。

果实圆柱形，大小整齐，平均果重123克，果皮绿褐色。果肉浅绿色至淡黄色，细嫩多汁，味甜微酸，香气浓。采果后在25℃以下的室内，可存放20天左右。

植株树势强健，萌芽率90%，新梢初呈绿色，后渐变为褐色，光滑无刺毛，多年生枝深褐色，髓心较大。丰产性较好，经专家组测定产量，盛产期平均株产37千克，但在气温较高、雨水较多的条件下，8月份开始出现裂果和落果，并逐渐加重。因此应及时采收。经多年观察，适宜壤土栽培，较抗冻害，在山东泰安可露地安全越冬。

在山东泰安，3月中旬萌芽，5月上旬开花，花期4～6天，7月下旬果实开始成熟，11月上旬落叶。

4 D-53

D-53

中国科学院武汉植物园于20世纪90年代收集的一个中华猕猴桃优良品系。

果实圆柱形，较小，平均单果重50～60克，皮黄褐色，被有茸毛；果肉黄色，质嫩，风味甜或浓甜，有的果实余味略酸（图5-68，图5-69）。软熟果实（硬度0.3千克/平方厘米）含可溶性固形物14%、总糖9%、有机酸1.5%、维生素C 162毫克/100克鲜重。从多年观察结果和子代鉴定表明，果实形状、大小、果肉颜色稳定，但果实的风味与管理水平有关，肥水管理好的年份，果实风味很甜，否则甜中带酸，是一个优良种质资源。

在湖北武汉，3月上旬萌芽，4月中下旬开花，5月初坐果，9月中旬果实成熟。配套雄性品种是‘磨山4号’。

图5-68 ‘D-53’结果状

图5-69 ‘D-53’果实及切面

5 丰蜜晓

Fengmixiao

江西省奉新县畜牧水产局、农业局、畜牧良种场和果业局共同从野生猕猴桃资源中选育而成，2001年9月通过省内项目验收（陈荣等，2004）。

果实圆柱形，美观整齐，平均果重87～95克，商品率97%，果皮浅黄绿色，被棕褐色细短茸毛。果肉绿色或浅绿色，细嫩多汁，甜或微酸甜，香味浓，味浓厚纯正，品质佳，适口性好；含可溶性固形物16%～18%、总糖9%～13%、有机酸1.4%～1.6%、维生素C 143～175毫克/100克鲜重，是鲜食与加工兼用品种，市场潜力大。

植株长势中等偏强，春夏秋梢都可成为结果母枝，以1～2次枝的结果母枝萌发结果枝占多；花着生在果枝的第1～7节上，每果枝着花（主花）4～5朵，花期若遇晴天，自然授粉坐果率可达79%～93%。嫁接苗第三年始果，五年生果园平均株产达27千克以上。高接换种树当年可上架并基本长满架面，第二年结果，平均株产约7千克。

该品种综合抗性强，无大小年结果现象，抗叶蝉类和介壳虫类的害虫能力强。

6 贵丰

Guifeng

由贵州省果树研究所于1979年从野生中华猕猴桃果实后代的

实生群体中选育而成（崔致学，1993）。

果实倒卵圆形，中等大小，平均单果重 70 克，果皮绿褐色，有短而密的柔毛，易脱落。果肉黄绿色，质细，酸甜适度，清香可口，含可溶性总糖 12%、总酸 1.2%、维生素 C 167 毫克 /100 克鲜重。果实耐贮运，是鲜食加工兼用品种。

植株树势较强，丰产性能好，三年生嫁接树即可结果，五年生树进入经济结果期，平均株产 11.2 千克，最高株产 15.5 千克。采用简易的篱架栽培亦可获得丰产。

在贵阳，3 月中旬萌芽，4 月 8 号左右现蕾，5 月 10 ~ 12 日初花，5 月 13 ~ 16 日盛花，5 月 17 ~ 20 日谢花，10 月中、下旬果实采收。

7 贵露

Guilu

由贵州省果树研究所于 1979 年从野生中华猕猴桃实生后代中培育而成（崔致学，1993）。

果实短椭圆形，大小均匀，平均果重 78 克，果皮黄褐色，被有棕黄色短而密的柔毛。果肉绿黄色，质细多汁，酸甜适度，味浓且微香，含可溶性固形物 18%、有机酸 1.8%、维生素 C 149 毫克 /100 克鲜重，适于鲜食和加工。

植株树势较强，适应性强，较耐旱，丰产性能良好。嫁接 3 年后开始结果，为短枝紧凑形品种，适宜简易栽培。

在贵州贵阳，3 月中旬萌芽，5 月 9 ~ 11 日初花，5 月 12 ~ 15 日盛花，5 月 16 ~ 19 日谢花，10 月下旬果实采收，11 月下旬至 12 月上旬落叶。

8 贵蜜

Guimi

由贵州省果树研究所于 1979 年从野生中华猕猴桃实生后代中培育而成（崔致学，1993）。

果实长椭圆形，均匀整齐，平均果重 82 克。果肉绿黄色，味甜，微酸，有香气，风味浓郁，含可溶性固形物 20%、总酸 1.4%、维生素 C 203 毫克 /100 克鲜重。

幼树生长势强，枝条萌芽率为 63% ~ 80%，结果枝率为 78% ~ 85%，花芽着生在结果枝的第 1 ~ 8 节，坐果率 80% ~ 88%。

在贵州贵阳，3 月中旬萌芽，5 月上旬初花，5 月下旬谢花，果实成熟期在 10 月中、下旬。

9 金玉（H–1）

Jinyu (H-1)

由中国科学院武汉植物园于 2001 ~ 2012 年从‘红阳’猕猴桃实生后代中选育，性状稳定，2013 年申请农业新品种权保护，已通过初评。

果实短圆柱形，比‘红阳’短，偏小，平均果重 40 ~ 60 克；果面暗绿色，稀被浅黄色短茸毛，成熟时脱落；果点小，凸，果肩方，果顶深凹，与‘红阳’相似。果肉金黄色，风味甜或浓甜，有清香，口感好（图 5-70）。软熟果实含可溶性固形物 21%，干物质 22%，总糖 14%，总酸 1.3%，维生素 C 118 毫克 /100 克。果实极耐贮藏，连续三年观察结果表明，果实采后软熟时间 20 ~ 47 天，货架期 10 天以上。

植株树势较强，萌芽率中等，38% ~ 57%，果枝率约为 80% ~ 90%。自然授粉坐果率高，约为 88% ~ 100%。每果枝坐果 6 ~ 10 个，花为序花。

在湖北武汉，2 月底萌芽，3 月中旬展叶现蕾，4 月上中旬开花，8 月底至 9 月初成熟，直至 10 月果实均不脱落。配套雄性品种是‘磨山雄 1 号’。

图 5-36 ‘金玉’结果状

10 金梅（23–30）

Jinmei(23-30)

中国科学院武汉植物园于2002年采用M3（‘金艳’）与中华红肉猕猴桃雄株杂交，从F_1代群体中筛选出的优株，经过10年的子代鉴定和区域试验选育而来，是‘金圆’的姊妹株系。于2013年申请农业新品种权保护，已通过初评。

果实长扁椭圆形，上小下大，平均果重86克，果皮绿褐色，果面短绒毛，果肩斜，果顶圆。果肉黄色或黄绿色，味浓甜、香气浓郁，质嫩，多汁，口感佳（图5-71，图5-72）。果实软熟后平均含可溶性固形物16%、可溶性总糖10%、有机酸1.4%、干物质15%、维生素C 125毫克/100克、总氨基酸0.8%，矿质元素丰富，含氮0.15%、钾0.18%、钙341毫克/千克。果实较耐贮藏，比‘金圆’略弱。果实采后15～25天后熟，货架期5～7天，较短。

图5-71 ‘金梅’结果状

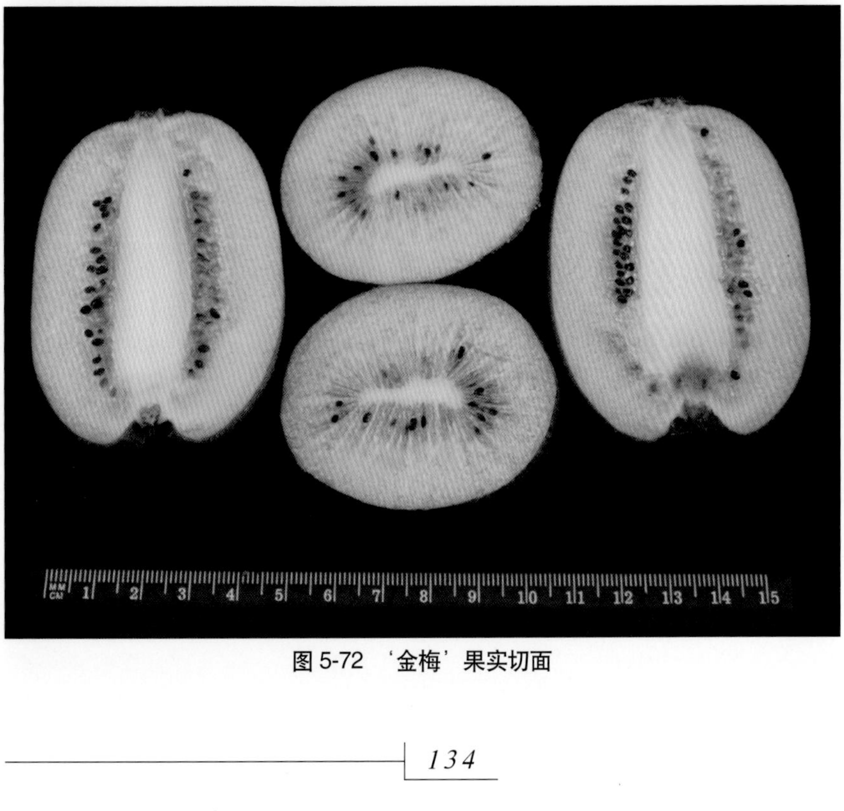

图5-72 ‘金梅’果实切面

树势较旺，萌芽率58%，果枝率80%。以短果枝结果为主，50厘米以下的结果枝占69%，长于1米的结果枝仅占31%。嫁接第四年平均株产38千克，丰产、稳产。

在湖北武汉，3月中旬萌芽，4月下旬开花，4月底至5月初坐果，9月底至10月初果实成熟采收。配套雄性品种是‘磨山4号’。

11 华丰

Huafeng

华中农业大学经实生选育而成的品系。

果实长圆柱形，平均果重约85克，果面底色浅绿色，表面光滑，被黄褐色柔软绒毛；果肉黄绿色，肉质细，汁液多，酸甜适口，香气较浓，品质优良。果肉含可溶性固形物14%，维生素C 107毫克/100克。果实9月中下旬成熟，采后于常温下可存放20天。

树势较旺，一年生枝浅褐色、无毛，皮孔明显；老蔓深褐色、无毛。叶片圆卵形，纸质，叶暗绿色，叶缘有锯齿。萌芽率80.5%，成枝率85.3%，结果枝率75.2%（何阳鹏等，2005），以中短果枝结果为主，结果枝在结果母枝上第2～20节均有分布，主要分布在第3～9节，果实主要着生在结果枝的第1～7节，三花花序所占比例较大（50%以上），坐果率在96%以上。一年生嫁接苗，栽培管理好的情况下，栽后第二年结果，丰产、稳产。

抗病虫能力强，经多年观察，没有发现显著的病虫危害。抗旱性较强，在武汉伏秋高温干旱条件下，表现较能适应，果实也很少发生日灼。

在浙江江山市，3月中旬萌芽，4月上旬现蕾，4月下旬开花，9月底果实成熟，12月初落叶（何阳鹏等，2005）。

12 华金
Huajin

由河南省西峡县猕猴桃研究所1997年从河南省西峡县米坪镇石门村寨沟的野生中华猕猴桃中选出的早熟新品系，2010年12月通过省级科技成果鉴定（王熙龙等，2011）。

果实圆柱形，果形端正，平均果重96克，果皮浅棕褐色或棕黄色，果面光洁，果顶稍凹或平。果肉黄绿色，肉质细，汁液多，香气浓郁，风味浓甜；果心小，软果心与果柄连接片有1个小木质核；果肉含可溶性固形物15%～17%、总糖10%、有机酸0.8%、维生素C 121～172毫克/100克。冷藏条件下可贮藏5个半月，室温条件下可贮藏28～35天，货架期16～29天。

多年生枝浅褐色，一年生枝粗壮，节间较短，灰绿色，皮孔细密。叶片中等大，近扁圆形或圆形，正面深绿色，光滑无毛，有光泽；背面淡绿色，密被短毛，基部心形。冬芽苞突起，芽裸露，花冠直径约5厘米，花瓣多数6片，柱头29～35枚，退化雄蕊45～55枚。

生长势强，萌芽率高，成枝力强，成花容易，几乎所有枝条均能发育成结果母枝，花单生或呈花序，结果母枝连续结果能力强；一般结果母枝能抽生6～9个结果枝，以中、长果枝结果为主，每个结果枝着生5～7个果。嫁接苗定植第三年结果，第5～7年进入盛果期，平均株产约37千克（图5-73，图5-74）。

品种适应性强，抗日灼，抗旱、抗寒、抗裂果及抗病虫害方面均表现突出，适宜在河南省西南部及相似生态区域栽培利用。

在河南西峡县，3月初萌芽，4月中旬现蕾，5月初开花，花期3～4天，9月中旬成熟，11月下旬落叶。

图5-73 ‘华金’结果状（由河南西峡王熙龙提供）

图5-74 ‘华金’果实切面（由河南西峡王熙龙提供）

13 金怡

Jinyi

由湖北省农业科学院果树茶叶研究所经实生选育而成的优系，2011年5月‘金怡’猕猴桃获得了农业部植物新品种保护授权（品种权号：CNA20080411.1）（陈庆红等，2012）。

果实短圆柱形，平均果重70克；果皮暗绿色，绒毛较稀少，有小而密的果点，果顶凹，果肩圆（图5-75，图5-76）。果肉黄绿色，质细汁多，含可溶性固形物17%～20%，可溶性总糖12%、可滴定酸1.28%、维生素C 132.2毫克/100克鲜重。在武汉植物园种植，平均果重40～60克，果肉含可溶性固形物18%、可溶性总糖12%、可滴定酸1.8%，维生素C 163毫克/100克鲜重。

树势中庸，一年生枝褐色，叶片革质，嫩叶绿色，老叶浓绿色较厚，雌花单生，多集中在结果母枝的第2～4节，以中短果枝结果为主。抗虫抗旱能力强。

在湖北武汉，3月上旬进入萌芽期，4月10日左右开花，果实9月中旬成熟，12月上旬落叶。配套雄性品种是‘磨山雄1号’。

图5-75 ‘金怡’结果状

图5-76 ‘金怡’果实及切面

14 KH–5

KH-5

由浙江省农业科学院园艺研究所于1984年决选出的优株，1988年11月通过省级优株鉴定。

果实圆柱形，整齐一致，平均单果重70克，果肉黄色，质细多汁，酸甜适口，浓香，含可溶性固形物12%～14%、总糖8%～10%、有机酸1.6%～1.9%、维生素C 124～145毫克/100克鲜重。果实在室温下可存放15天，冷藏120天后，硬果好果率达90%以上，维生素C保存率达75%。

定植后第三年株产达7千克。在浙江果实9月下旬成熟，丰产、稳产，是以鲜食为主的较早熟品种，在山地、低丘和平原地区均能栽培。

15 洛阳1号

Luoyang No.1

由河南省洛阳地区果品公司于1981年在河南嵩县白河乡的野生中华猕猴桃中选出（崔致学等，1993）。

果实短圆柱形，平均果重约86克，果肉质细，微甜稍香。鲜果肉中含总糖11%、有机酸1.8%、维生素C 106毫克/100克鲜重。在河南洛阳地区10

图 5-77 ‘洛阳 1 号’结果状

图 5-79 ‘绿珠’结果状

图 5-78 ‘洛阳 1 号’果实切面

图 5-80 ‘绿珠’果实及切面

月上旬采收，果实采后在常温下可存放 7 天不变软，在 0 ~ 2℃的条件下，可贮藏 5 个月。

树势强健，新梢粗壮充实，成枝力较强。嫁接苗定植后 2 ~ 3 年开始结果，以短果枝结果为主。二年生树最高株产可达 2.5 千克，三年生树最高株产 11.7 千克（图 5-77，图 5-78）。

在湖北武汉，3 月中旬萌芽，4 月中旬开花，4 月底坐果，9 月下旬果实成熟采收，配套雄性品种是‘磨山雄 1 号’。

16 绿珠（M2）

Lüzhu

由中国科学院武汉植物园于 1984 年利用毛花猕猴桃作母本、中华猕猴桃作父本杂交，从 F_1 代中选育而成，是‘金艳’的姊妹株。

果实扁圆形，偏小，平均单果重仅 10 ~ 30 克，果皮褐色，外被少量绒毛，成熟时脱落。果肉翠绿色，软熟果实（硬度 0.35 千克 / 平方厘米）风味香甜，含可溶性固形物 19% ~ 26%、总糖 13%、有机酸 1.8%、维生素 C 135 毫克 /100 克鲜重。矿质元素含量丰富，含氮 0.2%，磷 446 毫克 / 千克，钾 2609 毫克 / 千克，钙 236 毫克 / 千克，镁 132 毫克 / 千克（图 5-79，图 5-80）。

树势中等，萌芽率和成枝率均较高，节间短，结果性能好，每结果枝结果 4 ~ 8 个，以短果枝结果为主。

在湖北武汉，4 月中旬开花，4 月底至 5 月初坐果，9 月果实成熟。配套雄性品种是‘磨山 4 号’。

17 秋魁

Qiukui

由浙江省农业科学院园艺研究所于1984年从初选优株中优选而来，代号为‘LQ-25’。1988年11月通过省级优株鉴定，定名为‘秋魁’（朱鸿云，2002）。

果实短圆柱形，整齐一致，平均单果重100～122克。果肉黄绿色，质细多汁，酸甜适口，微有清香，含可溶性固形物11%～15%、可溶性总糖7%～10%、有机酸0.9%～1.1%、维生素C 100～154毫克/100克鲜重。果实采后在常温下可存放15～20天，冷藏120天后的硬果完好率为90%，维生素C保存率75%，是以鲜食为主的优良株系。定植后第三年始果，平均株产5.8千克。该品种适应性强，在山地、丘陵和平原地区均可种植，并适于密植。

在浙江，果实成熟期在9月下旬至10月中旬。

图5-82 ‘琼露’果实及切面

18 琼露

Qionglu

中国农业科学院郑州果树研究所于1978年从河南省西峡县陈阳乡野生资源中选出的优良品系，原代号78-CY-4（崔致学，1993）。

果实短圆柱形，较大，平均果重在70～105克，果皮黄褐色，光滑，果实的梗端处大些，稍有梗洼，萼片残存，果顶稍凹陷或平截，绒毛较多；果皮薄不易剥离，果肉浅绿黄色，汁多有微香，味酸甜，含可溶性总糖7%～12%，有机酸2%，维生素C 241～319毫克/100克鲜重，适于加工制汁、糖水罐头、果酱等。在武汉植物园种植，平均果重约40克，硬果后熟需要10天，果实软熟（硬度0.0千克/平方厘米）后肉黄色，含可溶性固形物19%、可溶性总糖7%、有机酸2.4%、维生素C 174毫克/100克鲜重（图5-81，图5-82）。

图5-81 ‘琼露’结果状

树势中等，成花容易，结果母枝的第1～15节都能结果，其中第1～14节结果的比例大，约76%，以中度修剪为主。三年生树平均株产6.3千克，最高株产17.5千克，成年树最高株产66千克。

在河南郑州，3月下旬萌芽，4月下旬初花，9月中旬果实采收。

19 庆元秋翠

Qingyuanqiucui

浙江省庆元县农业科学研究所于1982年从本县野生猕猴桃资源中选出的优株，代号庆83-1，1986年通过丽水地区科委鉴定，定名为‘庆元秋翠’。

果实圆柱形，整齐美观，平均单果重68克，果皮黄褐色，果点稀而小。果肉浅黄色，质细多汁、酸甜适口，香气宜人，含可溶性固形物15%、总糖7%、有机酸1.2%、维生素C 207毫克/100克鲜重，风味佳，是一个鲜食和加工兼用的优良品种(图5-83，图5-84)。

植株生长势旺，结果枝着生在结果母枝的第1～15节，果实着生在结果枝的第1～7节上。丰产性好，嫁接苗第二年总生长量47米，开花株占68%，平均株产约2千克，第三年全部开花，第四年株产18千克。大小年结果现象不明显，在浙江庆元县果实9月上旬成熟，为早熟品种。

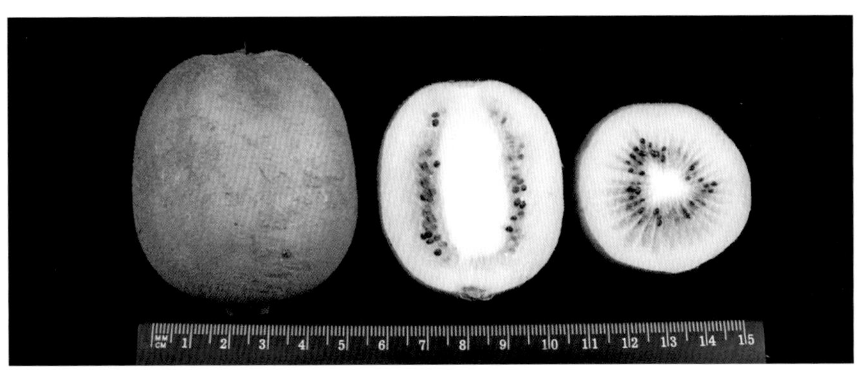
图 5-84 ‘庆元秋翠’果实及切面

图 5-83 ‘庆元秋翠’结果状

生长量大，较抗溃疡病，叶片椭圆形较大，纵径平均约 17 厘米、横径约 15 厘米，正面深绿色，背面灰白色，一年生枝褐绿色，节间长 6 厘米，每个结果枝结果 4 ~ 6 个，结果早、丰产性好。

在陕西周至，3 月中、下旬展叶现蕾，4 月下旬开花，10 月上旬果实成熟。果实生长发育期 150 ~ 170 天，属晚熟品种。

20 脐红

Qihong

‘脐红’（‘大红’、‘海红’）品种为自然杂交实生后代，在陕西省宝鸡市蟠溪金区党家堡村果园发现，后经周至县猕猴桃试验站引入培育成为优良株系（资料由陕西张清明提供）。

果实长椭圆形，平均果重 110 ~ 150 克，果皮褐色。果肉黄色或黄绿色，质细汁多，甘甜爽口，风味浓郁，果心小，呈圆形，乳白色，周围具有深红色（红心果）。可食时含可溶性固形物 20%，总糖 1.7%（属低糖猕猴桃），有机酸 1.5%。果实成熟采收后，在室内自然温度（8 ~ 15℃）下 30 天后可食，货架期 52 天左右，在 0℃条件下，可贮存 3 ~ 5 个月。

树势强健，前期（春夏）生长旺，

21 通山 5 号

Tongshan No.5

为中国科学院武汉植物研究所、华中农业大学及通山县联合开展资源调查时发现的优良单株。后经多年生物学特性观察和品种比较区域试验，表现遗传性状稳定，综合性状良好。1984 年 9 月湖北省猕猴桃优良单株鉴定会评为第一名（崔致学，1993）。

果实长圆柱形，平均果重 80 ~ 90 克，果顶凹入；果皮密被灰褐色短茸毛，易脱落，成熟时果面光洁（图 5-85，图 5-86）。果肉绿黄色，汁多清香，酸甜适口，果肉带粉质，含可溶性固形物 15%、可溶性总糖 10%、维生素 C 88 ~ 175 毫克 /100 克鲜重。果实耐贮藏性强，常温可贮存 40 ~ 50 天，低温加乙烯吸收剂贮藏可达 5 个月以上。在武汉植物园种植，平均果重 60 克左右，硬果后熟需要 13 天，软熟（硬度 0.2 千克 / 平方厘米）果实可溶性固形物 14%，总糖 9%，有机酸 1.1%，维生素 C 122 毫克 /100 克鲜重。

植株生长势强，一年生枝粗壮，节间较短，灰绿色；叶片近圆形，浓绿色有光泽；花单生或呈花序，坐果率高，结果枝连续结果能力强，抗旱、抗病虫。

在湖北武汉地区，3 月上旬萌芽，4 月中下旬开花，果实于 9 月下旬至 10 月初成熟，适于鲜食和加工。

图 5-85 ‘通山 5 号’结果状

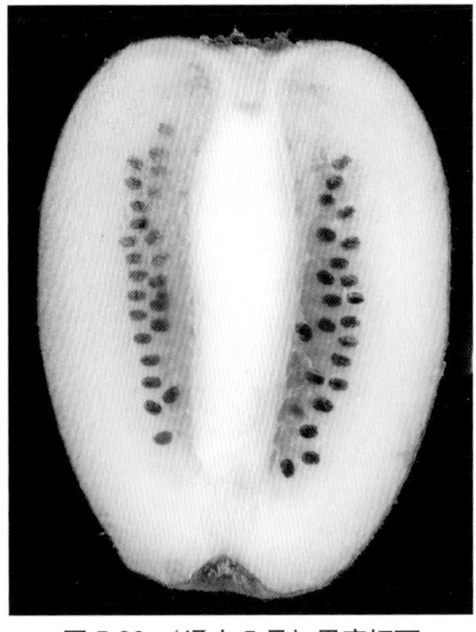
图 5-86 ‘通山 5 号’果实切面

22 太上皇
Taishanghuang

由山东农业大学于 1985 ~ 1986 年从河南省西峡县猕猴桃研究所引进果实选种，从其实生后代中选育而来（辛培刚等，2000）。

果实长卵形，平均果重 128 克，果皮浅褐色。果肉绿黄色，果肉质地细嫩，汁多，味甜微酸，有清香味，适口性强。采后在室内常温条件下可贮藏 20 天左右（图 5-87，图 5-88）。

植株生长健壮，一年生枝萌芽率较高，达 80% 左右。以短果枝结果为主，占总果枝数的 74%，每结果枝着生雌花 3 朵，单花，花期 3 ~ 4 天。谢花后至 7 月中旬，果实增重为全果重的 80% 以上。在选育地，果实 8 月中旬即可采收上市，9 月中旬果实真正成熟，无采前落果、烂果现象。

太上皇适应性强，生长健壮，耐阴和耐干旱能力较强。结果早而丰产，定植后第二年大多数植株结果，最高株产 30 千克。

在武汉植物园种植，果实采前落果严重：8 月上旬未到成熟期即开始落果，此时果实可溶性固形物低于 6%，提前采收果实常温下可贮藏 5 天左右；在果实可溶性固形物达 7% 时（8 月下旬）果实基本全掉落；表明该品种不适于武汉地区及类似气候条件区域种植。

在湖北武汉，3 月中旬萌芽，4 月下旬开花，9 月上旬果实成熟。

23 皖蜜
Wanmi

由安徽农学院园艺系于 1978 ~ 1980 年从安徽省东至县良田乡西村野生中华猕猴桃中选出，原代号为 83-01。随后经过 3 年的子代生物学特性研究，于 1987 年 9 月通过省内外同行专家鉴定，定名为皖蜜'（朱立武等，2010）。

果实扁圆柱形，大小整齐，平均果重 89 克，果皮淡褐色，被稀疏短茸毛。果肉淡黄绿色，肉细多汁，酸甜适口，香气较浓，含可溶性固形物 16%、总糖 14%、有机酸 1.4%、维生素 C 158 毫克 /100 克鲜重（图 5-89，图 5-90）。果实在室温下存放 15 天，果皮不皱缩，果皮薄，果实耐贮性一般。

该品种树势中等，萌芽率 70%，结果枝率为 65% ~ 90%，果实着生在结果枝的第 2 ~ 6 节，4 年生结果树中，短果枝约占 77%，结果母枝的连续结果能力很强。

在安徽省 3 月上旬萌芽，4 月底初花，花期 7 ~ 10 天，果实 9 月中旬采收。

图 5-87 ‘太上皇’结果状

图 5-89 ‘皖蜜’结果状（由朱立武提供）

图 5-88 ‘太上皇’果实及切面（未熟果）

图 5-90 ‘皖蜜’果实及切面（由朱立武提供）

图 5-91 ‘武植 7 号’结果状

图 5-92 ‘武植 7 号’果实及切面

图 5-93 ‘无籽优系 1 号’结果状

图 5-94 ‘无籽优系 1 号’果实切面

24 武植 7 号

Wuzhi No.7

由中国科学院武汉植物园 2000 ~ 2012 年从中华猕猴桃实生后代中选育的新品系。

果实圆柱形，平均果重 43 ~ 65 克；果面褐色，无毛，果点粗。果肉黄绿色，香甜，味浓（图 5-91，图 5-92）。软熟果实含可溶性固形物平均 18%、总糖 12%、有机酸 1.6%、维生素 C 76 毫克 /100 克鲜重。

植株树势强旺，萌芽率、成枝率、果枝率均高，结果量大，每果枝结果 6 ~ 12 个，嫁接苗定植第二年结果，第三年平均株产 15 千克。丰产稳产，抗逆性强。

在湖北武汉，3 月上旬萌芽，4 月中旬开花，4 月下旬坐果，9 月上旬果实成熟。

25 猕无籽 1 号

Miwuzi No.1

中国科学院武汉植物园采用从新西兰引进的软枣猕猴桃和美味猕猴桃杂种 F_1 代株系‘黄瓜’(Cucumber) 作母本，与中华猕猴桃授粉，从杂交后代中筛选出的一个无籽猕猴桃新品系。

果实长圆柱形，上小下大，中间凹，果肩方，果顶深凹，平均果重 80 ~ 85 克，表皮绿褐色，光滑。果肉淡绿色，果心浅绿色，完全无籽，果心小，入口味淡甜，后微酸或纯酸，无异味，质嫩。果实横切面从果心处向外果皮呈现放射状条纹。软熟（硬度 0.53 千克 / 平方厘米）果实含可溶性固形物 8% ~ 11%、总糖 6%、有机酸 1.5% ~ 2%、维生素 C 52 毫克 /100 克鲜重（图 5-93，图 5-94），适于加工制汁。

在湖北武汉地区，4 月中下旬开花，5 月初坐果，9 月下旬至 10 月上旬果实成熟。

26 厦亚 1 号
Xiaya No.1

福建省亚热带植物研究所于 1979 年从福建省野生中华猕猴桃群体中选出，代号 79-72，1988 年通过省级鉴定（崔致学，1993）。

果实为椭圆形，均匀美观，平均果重 86 克。果肉黄绿色，味酸甜、清香，口感好，含可溶性固形物 12% ~ 16%、总糖 6% ~ 8%、有机酸 0.6% ~ 1.0%、维生素 C 82 ~ 84 毫克 /100 克鲜重（图 5-95，图 5-96）。果实采后在常温下可存放 7 ~ 10 天，可作鲜食和加工兼用品种。

图 5-95 ‘厦亚 1 号’结果状

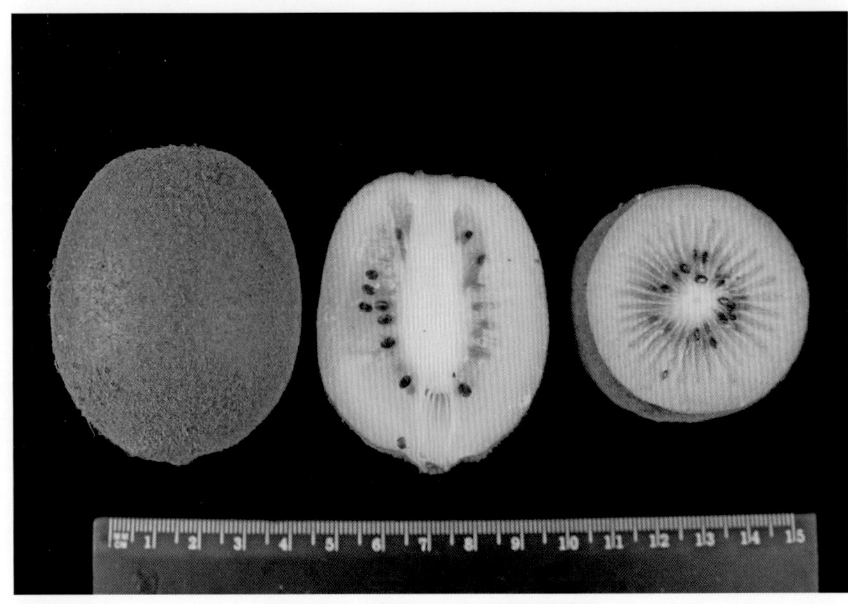
图 5-96 ‘厦亚 1 号’果实及切面

在武汉植物园种植，平均单果重 42 克左右，硬果后熟需要 16 天，软熟（硬度 0.3 千克 / 平方厘米）果实含可溶性固形物 13%、总糖 9%、有机酸 1.4%、维生素 C 82 ~ 84 毫克 /100 克鲜重，风味酸。

该品种结果枝率 100%，坐果率 90% 以上。三年生果园株产 22 千克，山地、丘陵和平原地区均可种植。

在福建厦门，3 月底至 4 月初萌芽，4 月中下旬初花，花期 7 ~ 10 天，果实采收期 8 月下旬至 9 月初。而在湖北武汉，3 月中旬萌芽，4 月中下旬开花，果实 10 月上旬成熟。

27 厦亚 15 号
Xiaya No.15

福建省亚热带植物研究所从野生中华猕猴桃中选出的优株，原代号 C2，品种鉴定时定名为‘厦亚 15 号’（崔致学，1993）。

果实为圆柱形，果顶稍尖；平均果重 89 克，80 克以上的果实占 65%；果面褐色，稀被短茸毛。果肉黄绿色，酸甜适口，有浓香，含可溶性固形物 15% ~ 19%、有机酸 0.8% ~ 1.2%、维生素 C 141 ~ 197 毫克 /100 克（图 5-97，图 5-98）。果实采后在常温下可存放 10 ~ 15 天。在武汉植物园种植，平均单果重 55 克左右，硬果后熟需要 8 天，软熟（硬度 0.2 千克 / 平方厘米）果实含可溶性固形物 11%、总糖 5%、有机酸 1.6%、维生素 C 158 毫克 /100 克鲜重。

植株树势强，枝条萌芽率 20% ~ 40%，结果枝率 80% ~ 100%。坐果率 90% 以上，结果枝以长果枝为主，占总果枝数的 54%；中果枝占 24%；短果枝及短缩果枝占 22%。芽接苗定植后次年开始结果，三年生树平

图 5-97 ‘厦亚 15 号’结果状

图 5-98 ‘厦亚 15 号’果实及切面

均株产为 16 千克，五年生树最高株产可达 32.6 千克。该品种适应性强，山地和平原地区均可种植。

在湖北武汉，3 月上旬萌芽，4 月中、下旬开花，花期约 12 天，果实于 9 月底成熟，落叶期为 12 月下旬。

28 厦亚 20 号

Xiaya No.20

福建省亚热带植物研究所 1979 年从野生中华猕猴桃中选出的优株，代号为 79-20，经初选、决选，定名为‘厦亚 20 号’（崔致学，1993）。

果实为圆锥形，大小较一致。平均单果重 57 克。果肉黄绿色，味酸甜，有香味，含可溶性固形物 15% ~ 20%、有机酸 0.8% ~ 1.4%、维生素 C 121 ~ 195 毫克 /100 克鲜重，果实采收后在常温下可放 10 ~ 20 天。

植株树势中等，枝条萌芽率 20% ~ 60%，成枝率和结果枝率均为 90% ~ 100%。结果枝以短果枝和长果枝为主，分别占总果枝数的 41% 和 43%；中果枝占 16%，坐果率达 90% 以上。芽接苗定植后次年开始结果，二年生树株产为 9 千克，最高株产 58.5 千克。该品种适应性强，丘陵山地和平原地区均可种植。

在福建厦门，2 月下旬伤流，3 月底至 4 月中旬萌芽，4 月底至 5 月初初花，花期约 11 天，9 月下旬果实采收，12 月中、下旬落叶。

29 厦亚 40 号

Xiaya No.40

由福建省亚热带植物研究所 1978 年从野生中华猕猴桃中选出，原代号西峡 78-1-11，经子代鉴定和区域适应性试验，于 1988 年通过品种鉴定（崔致学，1990）。

果实为椭圆形或扁椭圆形，大而美观。平均单果重 102 克，80 g 以上果实占 66% ~ 85%。果肉黄绿色，汁多，味酸甜，有香味，风味好，含可溶性固形物 15% ~ 16%、有机酸 0.7% ~ 1.4%、维生素 C 73 ~ 84 毫克 /100 克鲜重，果实采收后在常温下（9 月上、中旬）可放 7 ~ 10 天。

植株树势中等，枝条萌芽率为 15% ~ 40%，结果枝率 50% ~ 100%。结果枝以长果枝为主，占总果枝数的 41%；短果枝和短缩结果枝占 38%，中果枝占 15%，坐果率 90% 以上。芽接苗定植后次年开始结果。三年生树平均株产 14 千克，最高 22 千克。适于在南亚热带山区栽培，种在平原地区，有些年份会因低温不足而影响产量。

在福建厦门，3 月底至 4 月底萌芽，4 月底至 5 月初初花，花期约 14 天，9 月上、中旬果实采收。

30 西选2号
Xixuan No.2

由陕西西安市果业技术推广中心同周至县马召农民马占成于1992年在秦岭山区发现的黄肉大果型猕猴桃品种。

果实椭圆形，整齐美观，平均单果重80～130克，果皮淡褐色，果面光滑。果肉淡黄色，肉质细密，味甜、汁多、浓香、耐贮运，软熟果实可溶性固形物含量可达22%，风味极佳。开花早、花量大，比'秦美'猕猴桃开花早15～20天，其配套的雄株与雌株同天开花，且花粉量大，花期长，花均有芳香。该品种具有早果、早熟、丰产、抗病虫、抗风、抗冻等优良特性，高接第二年单株产量可达30千克以上(图5-99)。

图5-99 '西选2号'结果状

31 袖珍香
Xiuzhenxiang

由陕西周至县猕猴桃试验站于2003～2011年从猕猴桃实生苗中选育而成。

果实长圆柱形，平均单果重约28克，果皮厚，褐绿色，被稀疏绒毛。果肉黄绿色，果心圆柱状乳白色，风味香甜，可食时含可溶性固形物18%。

树型矮小，适宜盆栽。芽体大，绿褐色，顶部开放，黄色芽磷片露出。一年生枝绿褐色，节间短3～4厘米，被黄褐色绒毛；二年生枝深褐色，三年生枝黑褐色，皮粗糙。叶近圆形，深绿色，半革质具光泽，背面密被黄色绒毛，叶柄长约7厘米，黄绿色。嫁接苗第二年开花结果，极易成花，花为序花。以中、长结果枝为主，每果枝结果5～7个(图5-100)。

图5-100 '袖珍香'结果状

3月中旬芽萌动，4月上旬展叶现蕾，4月下旬开花，花期5～7天，9月中下旬果实成熟，11月中下旬早霜出现落叶休眠，果实生长发育期130～150天。

32 湘吉红
Xiangjihong

湖南吉首大学生物资源与环境科学学院和湘西州优质水果试验基地，从湖南西部野生资源中选育而成的新品系(裴昌俊等，2011)。

果实圆柱形，平均果重70～80克，果皮薄，绿褐色，毛被稀少，柔软易脱；横切面内侧果肉鲜红色，呈放射状排列，外侧果肉黄绿色(图5-101,图5-102)。果实无籽,清香味甜，可溶性固形物18%～20%。果实常温下可贮藏15天左右。

植株新梢青绿色，光滑无毛。叶心脏形,叶缘锯齿明显,叶正面深绿色，叶背面被灰白色茸毛。花单生或序生(聚伞花序)，雌花花冠直径3.4～4.2

图 5-101 ‘湘吉红’果实外观

图 5-102 ‘湘吉红’果实横切面

厘米，萼片6枚，花瓣6枚，子房横切面中轴附近深红色，柱头30～34枚，雄蕊退化，花粉无授粉能力。

树势较旺，以短果枝结果为主，短果枝（20厘米以下）占结果枝总数的80%以上，此特性便于整形修剪，抗病虫能力较强。在湖南吉首，果实于8月下旬至9月上旬成熟。

33 豫皇2号

Yuhuang No.2

由河南西峡县猕猴桃生产办公室从野生猕猴桃资源中选育（田志刚等，2011）。

果实长椭圆形，端正整齐，平均单果重85克，果皮棕褐色，密被棕色细毛，果顶微突，果柄长4～6厘米，果心小而软。果肉成熟后金黄色，肉质细嫩，含可溶性固形物16%，充分软熟后味香甜可口（图5-103，图5-104）。果实极耐贮，在自然条件下可贮3个月，在冷藏条件下可贮8个半月以上。

树势强旺，老枝暗褐色，一年生枝淡褐色或褐色被白粉，皮孔较粗。芽苞突起，芽裸露。叶片多扁圆形或近圆形，先端平或微凹，基部心形，正面深绿色，光滑无毛；背面黄绿色，密被淡黄色柔毛。单花着生少，三花着生多，花冠直径4.8～5.3厘米，花瓣多为6瓣，柱头28～37个，退化雄蕊53～65个。

树势健壮，萌芽率高，成枝力强，以中长果枝结果为主，每结果枝基部可着生6～8个果。嫁接苗第二年结果，第4～5年可进入盛果期，平均株产可达24～27千克。

在河南西峡，3月初萌芽，3月中旬展叶，4月中旬现蕾，5月初开花，盛花期3～4天，10月果实成熟，11月下旬落叶。

图 5-103 ‘豫皇2号’结果状

图 5-104 ‘豫皇2号’果实及切面

34 怡香
Yixiang

由江西省农业科学院园艺研究所于1979年从江西省修水县老山野生猕猴桃群体中选出，代号'X.L.-79-11'，1990年9月通过省级鉴定(唐素香等，1991)。

果实圆柱形或短圆柱形，果形端正，平均果重70～100克，果基部浅平，果肩对称，果顶圆，顶洼平；果皮薄，绿褐色，果点小而密。果肉绿黄或黄绿色，质细多汁，酸甜适口，味较浓，有香气。鲜果肉含可溶性固形物13%～17%，总糖6%～12%，有机酸0.9%～1.4%，维生素C 62～82毫克/100克鲜重，品质上等，果实较耐贮藏，在20～25℃室温下可存放12～15天。

植株长势强，幼树生长量大，萌芽率52%～81%，结果枝率87%～100%；结果枝连续结果能力强，以长果枝和短果枝结果为主，果实着生在结果枝的第1～7节上。嫁接苗定植后第二年始果，定植后4～5年平均株产可达20～24千克。对高温、干旱、短时间渍水等抗性较强，采前若发生蒂腐病易引起落果。

在江西南昌，3月中下旬萌芽，5月初至上旬末开花，9月初至中旬果实成熟。

35 一串铃
Yichuanling

由陕西周至县猕猴桃试验站于2002～2011年从猕猴桃实生苗中选育而成。

果实短椭圆形，平均果重66克；果皮厚，黄绿色密被黄色茸毛，果柄长5厘米；果肉黄色，果心乳白色，质细软可食，果肉甜、香、爽口，风味极佳，可食时含可溶性固形物18%。

树势较强壮，一年生枝褐绿色，短粗较硬，节间平均4.6厘米，多年生枝灰褐色，皮粗糙；叶近圆形，正面深绿色，半革质，具光泽，叶背面密被黄褐色绒毛，叶柄长约14厘米，黄绿色。第一年嫁接，第二年开花结果，极易成花，花为序花，以中、短果枝结果为主，每果枝基部第3～5节结果，树冠矮小，适宜盆栽。

在陕西周至，3月中旬芽萌动，4月上旬展叶现蕾，4月下旬开花，花期5～6天，9月下旬果实成熟，11月中旬落叶休眠。

36 新县2号
Xinxian No.2

由河南信阳地区科委等单位于1979年从河南省新县周河乡余冲村的野生中华猕猴桃中选出的优良品系(崔致学，1993；宫象晖等，2004)。

果实为长圆柱形，整齐端正，平均果重76克，果皮黄绿色，光滑少毛。果肉绿色，味酸甜，有清香，含可溶性固形物13.6%、有机酸1.9%、维生素C 96.2毫克/100克鲜重。

1991年引入山东，表现果实圆柱形，果皮黄绿色，光滑无毛，平均单果重70～80克。果肉绿色或黄绿色，酸甜爽口，风味浓，含可溶性固形物17.0%～19.0%，总糖8.1%，酸2.1%，维生素C 93.4毫克/100克鲜重。

树势旺盛，萌芽率38%～59%，结果枝率70%～80%，抗高温干旱能力较强。

在山东青岛，3月下旬至4月上旬萌芽，5月中旬初花，9月中下旬果实成熟采收，11月上旬落叶。

37 磨山雄1号
Moshan Male No.1

中国科学院武汉植物园从中华猕猴桃混合种子后代中选育的一个优良雄性优株，原代号4332。

在武汉植物园4月14～16日初花，4月17～28日盛花，4月29～30日谢花，花期12～17天。花期能与早花雌性品种'红阳'、'金农'、'川猕3号'、'红

图5-105 '磨山雄1号'开花状

华'、'丰悦'、'满天红'、'Hort16A'、'桂海4号'等相遇，与'磨山4号'的花期正好相接，从4月14日开始开花，至5月15日谢花，将园中所有的雌性品种花期覆盖。

树势中等偏强，萌芽率70%～85%。新梢生长势强，成花容易，花枝率100%，以短缩花枝和短花枝为主（图5-105）。花为聚伞花序，花冠直径34毫米，花瓣6～7片，花丝数约50个，雄蕊数50个，花药纵横径1.7毫米×1.0毫米。花粉量大，花粉发芽率62.4%～79%（图5-106）。经授粉试验，用该品系的花粉与大部分早中花雌性品种授粉，均能正常结果，且果实表现品质优，是给国内大多数品种提供当年新鲜花粉最好的品系。

图5-106 '磨山雄1号'的花

38 磨山雄2号

Moshan Male No.2

中国科学院武汉植物园从水果市场购买的黄肉猕猴桃'Hort16A'的商品果，收集种子，从其种子后代中选育的优良雄性优株，原代号3612。

在武汉植物园4月13～16日初花，4月17～25日盛花，4月26～28日谢花，花期12～14天，园中开花最早的优株。花期能与早花雌性品种'红阳'、'金农'、'川猕3号'、'红华'、'丰悦'、'满天红'、'Hort16A'、'桂海4号'等相遇，与磨山4号的花期正好相接，从4月14日开始开花，至5月15日谢花，将园中所有的雌性品种花期覆盖。

树势强旺，萌芽率80%以上，花枝率100%。新梢生长势强，花量大，花为聚伞花序，花冠直径34毫米，花瓣6片，花丝数约43个，雄蕊数43个，花药纵横径1.7毫米×0.8毫米。花粉量大，花粉发芽率56%～84%（图5-107，图5-108）。经授粉试验表明，该品系作'红心'系列的品种如'红阳'、'红华'、'东红'等的授粉树，坐果率比其他雄性品种授粉更高，外观品质得到改善，果肉颜色更黄，风味更浓甜，提高可溶性固形物含量2个百分点，糖含量也有所提高。因此，这个雄性品系是园中'红心'系列品种的最佳授粉品系。

图5-108 '磨山雄2号'的花

图5-107 '磨山雄2号'开花状

第六章

软枣猕猴桃、毛花猕猴桃和大籽猕猴桃

第一节 软枣猕猴桃品种（系）

1 丰绿

Fenglü

中国农科院特产所于1980年选自吉林省集安县复兴林场的野生优株，经扦插繁殖成无性系，1993年通过省级品种审定（赵淑兰，1996）。

果实圆形，果皮绿色光滑，平均果重9克。果肉绿色，多汁细腻，酸甜适度，含可溶性固形物16%，含糖6%，有机酸1.1%，维生素C 255毫克/100克鲜重，总氨基酸124毫克/100克，含种子190粒左右（图6-1）。该品种加工的果酱，色泽翠绿，含丰富的营养成分，保持了果实独特的浓香风味。

植株生长中庸，萌芽率54%，结果枝率52%。主蔓和一年生枝灰褐色，嫩梢浅绿色，皮孔圆形，稀疏。叶片卵圆形、深绿色，有光泽。雌花生于叶腋，多为聚伞三花序，花白色，雄蕊黑色。坐果率高，可达95%以上，果实多着生于结果枝的第5～10节间，以短果枝和中果枝为主，每果枝可坐5～10个。8年生树株产12.5千克，最高株产24.3千克。

图6-1 ‘丰绿’结果状

适应性广，抗逆性强，在无霜期120天以上，≥10℃有效积温达2500℃以上的地方均可栽培。该品种在吉林市左家地区，4月中下旬萌芽，6月中旬开花，9月上旬果实成熟。

2 红宝石星

Hongbaoshixing

中国农科院郑州果树所从野生河南猕猴桃中选育出的全红型猕猴桃新品种，2008年通过省级品种审定，并于同年完成农业部植物新品种保护登记（齐秀娟等，2011）。

果实长椭圆形，平均果重19克，果实横切面为卵形，果喙端形状微尖凸。成熟后果面光洁无毛，均匀分布有稀疏的黑色小果点，果皮、果肉和果心均为玫瑰红色，果实多汁，含总糖12%，有机酸1.1%，可溶性固形物14%，果心较大，种子小且多（图6-2，图6-3）。适于带皮鲜食外，可加工成红色果酒、果醋、果汁等。果实不耐贮藏，常温贮藏2～3天，且成熟期不一致，需分期分批采收。

图6-2 ‘红宝石星’结果状

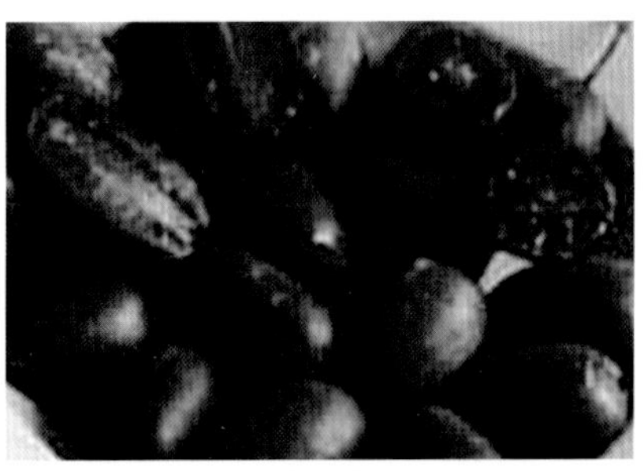

图6-3 ‘红宝石星’果实特征

植株树势较弱，枝条生长量大，树体光洁无毛，一年生枝黄褐色，其上皮孔较大，长椭圆形，分布较密，颜色呈黄色。成叶阔卵形，叶正面绿色，背面黄绿色，叶柄红色。花序均为二歧聚伞花序，3～5朵花。花白色，花药黑色。植株抗逆性一般，有少量采前落果现象。

在郑州地区，5月上中旬开花，花期3～5天，临近成熟时果皮、果肉开始着色，8月下旬至9月上旬成熟，11月上旬开始落叶。适宜在河南、陕西、四川、湖北、湖南等无霜期180天以上，≥10℃有效积温3700℃以上的地方种植。

3 魁绿

Kuilü

中国农科院吉林特产研究所于1980年选自吉林省集安县复兴林场的野生软枣猕猴桃优株，经扦插，扩大繁殖成无性系，1993年通过省级品种审定(赵淑兰等，1994)。

果实扁卵圆形，平均果重18克，果皮绿色光滑。果肉绿色，多汁，细腻，酸甜适度，含可溶性固形物15%左右，总糖9%，有机酸1.5%，维生素C 430毫克/100克鲜重，总氨基酸934毫克/100克，每个果中含种子180粒左右(图6-4，图6-5)。果实加工的果酱，色泽翠绿，含丰富的营养成分，保持了果实独特的浓香风味。

图6-4 ‘魁绿’结果状

在武汉植物园种植，因冬季低温不足，休眠不够，花量少，有的年份无花。结果年份生产的果实平均单果重7～13g，软熟果实含可溶性固形物达21%，总糖9%，有机酸1.1%，维生素C 248毫克/100克鲜重。果实在常温下(27～37℃) 7～8天软熟，3～4℃冰箱中可存放15～20天。果实于7月25日至8月初成熟。

树势生长旺盛。萌芽率58%，结果枝率50%，主蔓和一年生枝灰褐色，皮孔梭形，嫩梢浅褐色。叶片卵圆形，绿色，有光泽，叶柄浅绿微黄。雌花生于叶腋，多为单花，花瓣多为5～7枚。坐果率高，可达95%以上。果实多着生于结果枝的第5～10节叶腋间，以短果枝和中果枝结果为主，每果枝可坐果5～8个。8年生树单株产量13千克，最高株产21千克。

适应性广，抗逆性强，在绝对低温－38℃的地区栽培多年无冻害和严重病虫害，在无霜期120天以上，≥10℃有效积温达2500℃以上的地方均可栽培。

在吉林市左家地区，伤流期4月上、中旬，萌芽期4月中、下旬，开花期6月中旬，9月初果实成熟，9月底至10月上旬落叶。

4 科植1号

Kezhi No.1

中国科学院植物研究所北京植物园采用美味猕猴桃雌株和软枣猕猴桃雄株杂交，从杂交一代中选育而成的

图6-5 ‘魁绿’果实及切面

图6-6 ‘科植1号’结果状

种间杂种（朱鸿云，2002）。

果实圆柱形，果皮绿色，光滑无毛，平均单果重46～57克，果肉绿色，含可溶性固形物16%～19%，可溶性总糖9.6%～12.4%，可滴定酸2.1%～3.4%，比双亲含量都高，味浓，香甜，汁液多，种子少。

在武汉植物园种植，果实为短圆柱形，果面浅绿色，光滑无毛，但果面容易生黄褐色斑块，导致果面粗糙。果肉浅绿色，软熟果实风味极酸，平均单果重27～36克（图6-6）。但结果少，产量低。

在湖北武汉，4月上旬开花，8月果实成熟，10月落叶休眠。

5 天源红

Tianyuanhong

由中国农科院郑州果树所从河南南阳市栾川县野生软枣猕猴桃中选育而成，2008年通过省级品种审定，并于同年进行了农业部新品种保护登记（齐秀娟等，2011）。

果实卵圆形或扁卵圆形，平均果重12克，果皮光滑无毛，可食用，成熟后果皮、果肉和果心均为红色。果肉可溶性固形物含量为16%，味道酸甜适口，有香味（图6-7）。适于带皮鲜食，并适于加工成果酒、果醋、果汁等许多加工制品。该品种尚存在的缺点是：抗逆性一般，成熟期不太一致，有采前落果现象，不耐贮藏（常温下贮藏3天左右），所以栽培时需要分期分批采收。

该品种可以在河南、陕西、四川、湖北、湖南等无霜期180天以上，≥10℃积温3700℃以上的地方种植。在河南郑州，果实在8月下旬至9月上旬成熟。

6 AA12–10

AA12-10

由中国科学院武汉植物园于2000年从新西兰引进的软枣株系果实取种并经多年实生选育而成，该品种适应武汉气候条件，能正常开花结果。

果实短椭圆形，平均果重3～8克，果面光滑，浅绿色，可食；果肉绿色，风味浓甜，清香（图6-8，图6-9）。软熟果实可溶性固形物含量为15%～16%，总糖8%～10%，有机酸1.0%～1.3%，维生素C 244～253毫克/100克鲜重。果实耐贮，武汉8月成熟时采后常温下能放5～10天，3～4℃冰箱中可存放24天以上。

植株树势较旺，结果性能好，单株每果枝平均坐果5.8个，小苗嫁接第三年亩产可达260千克左右。

在湖北武汉，2月中旬萌芽，4月上中旬开花，7月底至8月初果实成熟。

图6-8 ‘AA12-10’果枝

图6-7 ‘天源红’果实

图6-9 ‘AA12-10’果实及切面

7 桓优1号

Huanyou No.1

由辽宁省桓仁满族自治县林业局山区综合开发办公室与该县沙尖子镇林业站于2005年共同从桓仁县桓仁镇软枣猕猴桃园内发现的优良单株(殷展波等，2008)。

果实卵圆形，平均果重22克，皮青绿色，中厚。果肉绿色，肉质软，果汁中，香味浓，品质上，成熟时含可溶性固形物12%，总糖9%，有机酸0.2%，维生素C 379毫克/100克鲜重，果实成熟后不易落粒，可长时间留存在树上。

植株生长健壮，树冠紧凑，节间长1.8厘米，枝条长度和粗度分别比当地野生软枣猕猴桃短，叶片卵圆形，嫩叶黄绿色，老叶深绿色，无茸毛，花雌雄同株，呈单生或聚伞花序，每花序有花1～3朵，花冠径2.6厘米，每结果枝着生花4.3个。

春季萌芽率54%，结果枝率89%，幼苗栽植第三年开始见果，第四年平均株产6.5千克，第六年进入盛果期，株产24千克，以短果枝和短缩果枝结果为主，平均每结果枝坐果7个。

抗寒力极强，在架上可安全越冬，无任何冻害，且抗病性强。

在辽宁桓仁县，4月12日伤流，4月30日开始萌芽，6月7～15日开花，6月18～25日浆果开始生长，9月8～12日果实开始成熟，9月15～20日浆果完全成熟，10月16～20日开始落叶。

8 辽丹－134

Liaodan-134

辽宁省丹东市林业科学研究所1983年在宽甸县虎山乡太平川村林场孙家沟的野生软枣猕猴桃中选出的新品系(崔致学，1993)。

果实圆球形，较整齐美观，平均果重23克，果皮绿色，光滑。果肉绿色，汁多味酸甜；果肉含可溶性固形物11%，可滴定酸1.5%，维生素C79毫克/100克鲜重。树势生长强健，丰产，单株产果30千克。在辽宁丹东9月下旬果实成熟。

9 辽恒－8301

liaoheng-8301

由中国农科院特产所1983年在辽宁省清原县大苏乡野生软枣猕猴桃中选出的新品系(崔致学，1993)。

果实椭圆形，具喙，平均单果重14克，果皮浅绿色，光滑，外表美观。果肉绿色，味酸甜，香气较浓，果肉含可溶性固形物15%、可滴定酸1%、维生素C 167毫克/100克鲜重，果熟期通常在9月份。

10 宽－8348

Kuan-8348

1983年由辽宁省宽甸果树服务站从宽甸县红石砬子乡雁脖沟石山中野生软枣猕猴桃中选出(崔致学，1993)。

果实圆球形，具果喙，平均果重23克，果皮绿色，光滑，是软枣中少见的大果型株系。果肉绿黄色，质地脆，汁液中等，有香味。果肉含可溶性固形物19%、可滴定酸1.4%、维生素C 127毫克/100克鲜重，果熟期一般在9月。

11 8401

8401

由中国农科院特产所1984年从清原县苍石延水沟村的野生软枣猕猴桃资源中所选，经扦插、扩繁而获得的无性系(杨义明等，2011)。

果实圆柱形，平均单果重22克，果肩圆，果顶具喙。果皮绿色，略有浅竖棱纹，喙较长。果肉绿色，多汁、细腻，酸甜适度，含可溶性固形物10%左右、糖10%、有机酸0.9%、维生素C 88～154毫克/100克鲜重，果实鲜食性好(图6-11)。单果种子185粒左右。

树势中庸，主蔓和一年生枝灰褐色，皮孔梭形，密生，

嫩梢浅褐色，节间较长。叶片卵圆形，绿色，有光泽，长宽约14.5厘米×9.4厘米，叶尖钝尖，叶柄紫红色。雌花生于叶腋，多为单花，花朵数平均为1.5个，花瓣为5～7枚。

树势生长旺盛，萌芽率56%，结果枝率51%，果实多着生于结果枝第4～11节叶腋间，以短果枝和中果枝结果为主，每果枝可坐4～7个。8年生树单株产量11.5千克。抗逆性强，在绝对低温－38℃地区栽培多年，无冻害及严重病虫害发生。

在吉林市左家地区，萌芽期4月中下旬，开花期6月中旬，9月初果实成熟，9月底至10月上旬落叶。

图6-11 ‘8401’结果状

12 8134

8134

由中国农科院特产所1981年在吉林省吉安县榆林乡的野生猕猴桃中选出的优良品系（赵淑兰等，2007）。

果实圆形，平均果重约18克，果肩圆，果顶具喙。果皮绿色，极光滑，外表美观，商品性状好。果肉深绿色，汁多细腻，酸甜可口，有微香；可溶性固形物14%，总糖6%，有机酸0.7%，维生素C 76～113毫克/100克鲜重。果实鲜食性较好，也适宜加工（图6-12）。

树势中庸，主蔓和一年生枝灰褐色，一年生枝平均节间长4.1厘米，皮孔梭形，嫩梢绿色微紫。叶片卵圆形，绿色，有光泽，叶柄绿色。雌花生于叶腋，单花或聚伞三花序，花瓣多为5～7枚。

植株萌芽率56%，结果枝率60%，坐果率96%，结果枝着生位置多在第3～12节，每枝可坐果5～8个，6年生单株产量5.5千克。抗病虫及抗寒能力均强。

在绝对低温－38℃的地区栽培，枝蔓均无冻害，适于在无霜期120天以上，≥10℃积温2500℃以上的地区推广。

在吉林，4月中下旬萌芽，5月展叶，6月中旬开花，单花期为5天左右，9月上旬果实成熟，10月上旬落叶。

图6-12 ‘8134’的果实

图6-13 ‘全红型优系’结果状

13 9701

9701

中国农科院特产所从野生软枣猕猴桃群体中选出的优良株系（赵淑兰等，2007）。

果实圆锥形，果肩圆，果顶具喙。平均果重17克，果形指数1.1，果皮绿色，较光滑。果肉深绿色，多汁细腻，甜酸适度有香气，含总糖6%、有机酸0.8%、维生素C 85毫克/100克鲜重。坐果率高达95%，6年生单株可产6千克，抗病虫及抗寒力强。果实适宜加工果酱、酒及饮料。

植株树势强健，主蔓和一年生枝灰褐色，嫩梢浅褐色，平均节间长4.2厘米，平均叶片长12.1厘米，宽10.8厘米，花序花朵数平均1.39个。

14 全红型优系

Quanhongxing Youxi

由中国农科院郑州果树所从软枣猕猴桃的实生后代中选育的优系。

果实球形，较小，平均果重10克左右。果喙端浅尖凸，有白色果点，固形物含量18%。成熟期长，从9月上中旬直到10月中旬，在树上颜色为砖红色，可直接摘下食用，味道甜，口感好，采收后放置一天后果皮、果肉均为玫瑰红色。极丰产，采前落果少，常温贮藏2天左右。可作为观光果园利用（图6-13，图6-14）。

图6-14 ‘全红型优系’果实及切面

15 猕枣 1 号

Mizao No.1

中国科学院武汉植物园从软枣猕猴桃品种‘魁绿’的实生后代中选育，经子代鉴定，性状稳定，原代号‘5935’，2013 年申请品种保护，命名为‘猕枣 1 号’。

果实长圆柱形，果形漂亮，平均单果重 10 ~ 15 克，果面光滑，绿色。果肉黄绿色，软熟果实含可溶性固形物 16% ~ 20%、可溶性总糖 9.7%、有机酸 1.0%、维生素 C 208 毫克 /100 克（图 6-15，图 6-16）。果实耐贮性一般，8 月初采收后在常温（27 ~ 34℃）条件下第 8 天开始软熟，低温（3 ~ 4℃）条件下采后第 13 天开始大部分果实软熟。

植株树势强健，以中、长果枝结果为主，平均每结果枝坐果 5 个，果实主要着生在结果枝的第 5 ~ 15 节，实生苗第六年株产约 8 千克。

在湖北武汉，3 月初萌芽，4 月中旬开花，7 月底至 8 月初果实成熟，10 月落叶休眠，适于在华中地区种植发展。

16 猕枣 2 号

Mizao No.2

中国科学院武汉植物园从软枣猕猴桃品种‘魁绿’的实生后代中选育，经子代鉴定，性状稳定，原代号‘5942’，2013 年申请品种保护，命名为‘猕枣 2 号’。

果实短圆柱形，果面光滑，果形漂亮，平均单果重 6 ~ 9 克。果肉绿色，软熟果实含可溶性固形物 24% ~ 27%、总糖 11%、有机酸 1.1%、维生素 C 30 毫克 /100 克鲜重（图 6-17，图 6-18）。8 月初采收后在常温（27 ~ 34℃）条件下第八天开始有少量软熟，低温（3 ~ 4℃）条件下第 13 天开始有少量果实软熟，耐贮性优于猕枣 1 号。

植株树势强，平均每结果母枝坐果 8.8 个，果实主要着生在结果枝的第 5 ~ 15 节，实生苗第六年株产约 6 千克。

在武汉 3 月萌芽，4 月开花，8 月初成熟，10 月落叶休眠，适于在华中地区种植发展。

图 6-15 ‘猕枣 1 号’结果状

图 6-17 ‘猕枣 2 号’结果状

图 6-16 ‘猕枣 1 号’果实及切面

图 6-18 ‘猕枣 2 号’果实及切面

第二节 毛花猕猴桃品种（系）

1 华特

Huate

由浙江省农业科学院园艺研究所从野生毛花猕猴桃群体中选育获得的新品种，于2005年定名为‘华特’，向农业部申请品种保护，2008年获得中国植物新品种权（CNA20050673.0）。

果实长圆柱形，平均单果重94克，果肩圆，果顶微凹，果皮褐绿色，上枝密集白绒毛。果肉绿色，髓射线明显，肉质细腻，略酸，含可溶性固形物15%、总糖9%、可滴定酸1.2%、维生素C 628毫克/100克鲜重，果实常温下可贮藏3个月（图6-19，图6-20）。

图6-19 ‘华特’结果状

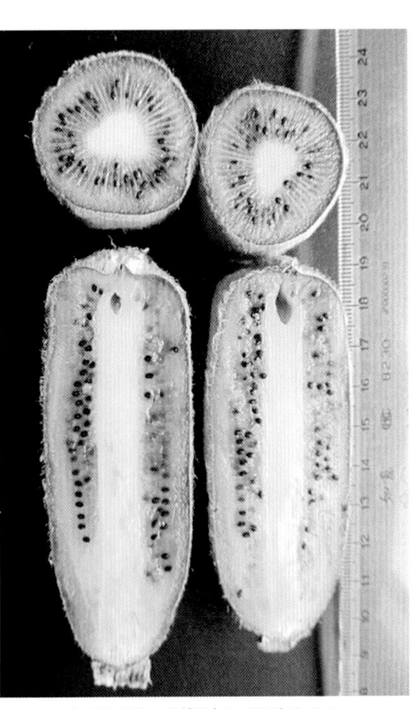

图6-20 ‘华特’果实切面

植株生长势强，一年生枝灰白色，表面密集灰白色长绒毛，老枝和结果母枝为褐色，皮孔明显为淡黄褐色，叶形长卵形，叶正面绿色无绒毛，叶被浅绿色，叶脉明显，叶柄浅绿色，披白色长绒毛，聚伞花序，每个花序有花3～7朵，花瓣5～8片，淡红色卵圆形，花径5.6厘米，柱头约48枚，花丝约150根，子房杯状，花萼2～3裂，花柄长1.7厘米，绒毛多白色。授粉雄株为‘毛雄1号’。

在浙江南10月下旬成熟，第五年平均株产30.5千克，适于在我国南方及其他相近环境地区种植（谢鸣等，2007）。

2 江山娇

Jiangshanjiao

由中国科学院武汉植物园以优良中华猕猴桃品种‘武植3号’为母本，毛花猕猴桃雄株为父本，从F_1代实生群体中选育出的具有观赏价值的新品种，于2007年12月获省级品种审定(鄂S-SV-AC-003-2007)(钟彩虹等，2009)。

植株形态特征与毛花猕猴桃相似，一年生枝银灰白色，皮孔线形，棕黄色，多年生枝灰褐色，皮孔圆点形，浅黄色，节间平均长5.8厘米。叶厚纸质，椭圆形；叶面深绿色，有光泽，无毛；叶背浅灰绿白色，密被白色星状毛和绒毛；叶柄粗，黄棕色，被黄色绒毛。花色艳丽为玫瑰色，花瓣数量多(6～8瓣)，花瓣增大(花径4.5厘米×4.5厘米)，退化雄蕊数94～100，柱头数52～56个,花萼绿白色,花药黄色,花丝103枚,玫瑰红色。果实扁圆形，平均纵径4.1厘米，横径3.3厘米，侧径2.4厘米；平均果重25克。果顶突，果蒂平，果皮深褐色，果点褐色,突出,密集。果肉翠绿色,质细,种子褐色，千粒重0.8克，果实含可溶性固形物14%～16%、总糖11%、有机酸1.3%、维生素C 814毫克/100克鲜重(图6-21，图6-22)。

图6-21 ‘江山娇’的花

图6-22 ‘江山娇’果实

树势强旺，萌芽率46%，结果枝率30%。花芽为混合芽，着生在叶腋，为聚伞花序，每序3～6朵花。以长果枝结果为主，占71%，中、短果枝各占14%，雌花着生节位在结果枝的第3～9节。通常每年开花为3～5次，5～10月陆续开花结果，每次花期一般7～15天，第一次开花时间最长，有的年份可达20天。经常在一株树上，第一次开花结果后，结果母枝又抽出新的结果枝，一年间不断地现蕾、开花、结果，花果同存，是观赏与食用兼备的新品种。

在武汉地区，3月上中旬萌芽，3月下旬现蕾，5月上中旬开花，开花期比毛花猕猴桃早，比中华猕猴桃迟，花期介于双亲之间，果熟期9月30号，与父本毛花相近，12月中旬才开始落叶，生育期长，比亲本推迟1个月左右,比母本提前开花2～3年，而与父本毛花猕猴桃相近。从播种到开花仅用了一年半的时间，缩短了童期。

分别于1990年和1991年进行染色体观察,‘江山娇’染色体数为87条，与父本毛花染色体相同。

3 超红

Chaohong

由中国科学院武汉植物园于1988年以大果毛花猕猴桃为母本，以中华猕猴桃雄株为父本杂交，从杂交 F_1 代中选育而成，花冠特艳丽，为玫瑰红色的雄性优株，代号T18。2007年12月获省级品种审定(鄂S-SV-AC-003-2007)。

植株外部形态主要像母本大果毛花猕猴桃，但长势比大果毛花猕猴桃强得多，枝条萌发率为31%，多年生老枝也能抽生枝条，易于更新复壮，成枝率高达100%，枝条基本能形成花枝(开花枝占96%)，一年生枝黄褐色，厚被黄色短绒毛，皮孔线形，多年生枝棕褐色，硬粗，薄被白粉，皮孔线形。

图6-23 ‘超红’花枝

图6-24 ‘超红’的花

叶厚纸质，椭圆形，长约14.0～16.0厘米，宽约11.0～14.0厘米，叶先端小钝尖或渐尖。叶正面深绿色，有光泽，无毛；主、侧脉绿色，无毛，叶缘锯齿不明显，有浅绿色向外伸展的小尖刺。叶背面浅灰绿白色，密被白色星状毛和绒毛，主、侧脉白绿色，密被白色长绒毛，侧脉每边7～9条。叶柄粗，黄棕色，被黄色绒毛，长约3.4厘米。

聚伞花序，每花序有花5～11朵(毛花1～3朵)，花瓣5～10(毛花5～6瓣)，玫瑰红色(毛花为桃红色)，花径4.8厘米(毛花4厘米)，花药金黄色，48个，多而芳香，发芽率46%，花丝141枚，玫瑰红色，花梗长1.5～4.0厘米，花萼3枚，绿白色(图6-23，图6-24)。现蕾至开花约38天，比中华猕猴桃现蕾至开花需时间长，比毛花猕猴桃需时间短。

一年多次开花，一般第一次开花时间在5月上中旬,历时23天;第二次、第三次、第四次分别在6月底、7月底和8月下旬,在一年中可开花3～4次，且花量大，花粉多而芳香，是很好的蜜源植物。

在湖北武汉地区，2月23号左右芽萌动，3月4号展叶，3月7号第一次新梢开始生长，3月7号现蕾，4月25号露瓣，5月4号始花，5月23号终花，历时14天，有的年份第一次开花的花期为20天以上，最长为23天。

4 满天星

Mantianxing

图 6-25 ‘满天星’的花

由中国科学院武汉植物园以优良中华猕猴桃‘武植 3 号’为母本，2 倍体毛花猕猴桃为父本杂交，后代于 1987 年首次开花，其中一雄株花色艳丽，花量多，因花开时艳丽夺目，宛如繁星闪烁，故命名为‘满天星’。

植株长势强，叶片浓绿，具光泽，几乎呈对生状态；花瓣大，水红色，花丝纤细，浅红色，花药黄色，红黄相间，衬托得非常漂亮。以短缩花枝为主，枝长仅 3～7 厘米，约占 78%；中花枝占 20% 左右，很少见到长花枝。花着生在开花母枝的第 1～6 节上，每花序有 3 朵花，一般一枝开花母枝上有 60 朵花左右，所以花开时显得非常繁茂，满树垂挂，花繁锦簇，艳丽夺目，宛如繁星闪烁（图 6-25），是庭院垂直绿化的优良品种。

在湖北武汉，4 月中下旬露瓣，4 月底初花，5 月上旬盛花，花期长达 15 天以上。

第三节 大籽猕猴桃

金铃

Jinling

图 6-26 ‘金铃’的花

由中国科学院武汉植物园采用实生育种方法从大籽猕猴桃实生后代中选育的观赏品种，于 2007 年 11 月通过省级品种审定。

树形紧凑，树姿婆娑，节间短。二年生以上老枝绿褐色，无毛，髓白色，实心。叶片成熟后近革质，卵形或椭圆形。雌花单生，花瓣 6～8 片，白色，芳香（图 6-26）。果实未成熟时绿色，成熟时逐渐转为橘黄色，卵圆形或圆球形，顶端有乳头状的喙，果面光滑美观无斑点，平均果重20～25克，果肉橘黄色，果心小，汁液少，风味麻辣，不能食用。但种子可用于制油，整个植株可入药，花果用于观赏。(图6-27，图6-28)。

在湖北武汉，3月中旬萌芽，5月上旬开花，8月果实开始转色，9月成熟采收。

抗逆性强，适应性广，尤其对高温、干旱、短时间渍水的抗性较强，抗叶蝉危害能力亦较强。用于盆栽具有半矮化效果。

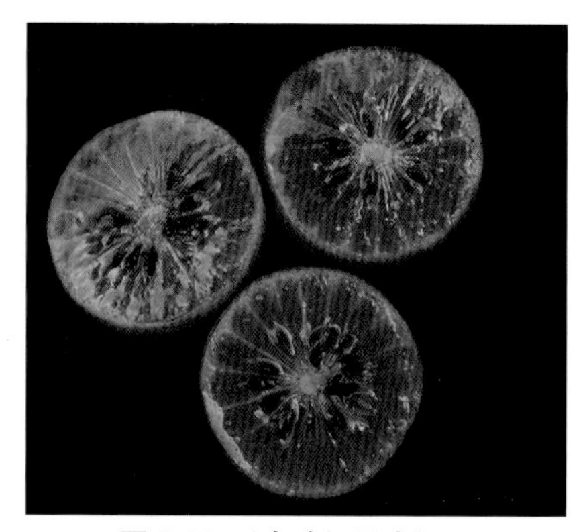

图6-28 ‘金玲’果实切面

图6-27 ‘金玲’结果状

参考文献
References

敖礼林，徐彩伟，刘贤友，等．2003．美味猕猴桃新品种‘沪美1号’引种栽培 [C]．猕猴桃研究进展 II，147-148．

白新鹏，裘爱泳．2006．美味猕猴桃根提取物保肝降酶作用的研究 [J]．中国生化药物杂志，27 (2)：86-88．

白新鹏，裘爱泳．2006．美味猕猴桃根正丁醇提取物对小鼠急性肝损伤的保护作用 [J]．食品与生物技术学报，25 (6)：115-118．

包日在，林尧忠，季庆连．2002．猕猴桃品种‘布鲁诺’幼树优质丰产栽培技术 [J]．中国果树，(4)：36-37．

卜范文，王仁，李先信，等．2010．猕猴桃种间差异对其籽油含量及成分的影响 [J]．湖南农业科学（下半月推广刊)，18-19，23．

曾振东，王琳，韦金育．2006．美味猕猴桃根提取物抗肿瘤作用实验研究 [J]．山东中医杂志，25 (1)：764-766．

陈才清，周列雄，谢文福，等．2004．早熟优质猕猴桃‘江山 90-1’选育技术研究 [J]．浙江林业科技，(7)：28-32．

陈东元，黄建民，吴美华，等．1999．中华猕猴桃‘素香’品种选育研究 [J]．江西园艺，(5)：21-24．

陈庆红，顾霞，张蕾，等．2012．早熟猕猴桃新品种‘金怡’[J]．园艺学报，39 (11)：2315-2316．

陈庆红．2002．猕猴桃优良品种——‘金魁’[J]．果树实用技术与信息，(1)：13．

陈荣，敖礼林，饶卫华，等．2004．中华猕猴桃优质丰产晚熟品种‘丰蜜晓’选育研究 [J]．江西园艺，(1)：1-2．

崔致学，黄学森．1982．猕猴桃研究报告集 (1981-1982) [C]．中国农业科学院郑州果树研究所．

崔致学．1981．中国猕猴桃的培育 [M]．见：曲泽洲主编，猕猴桃的栽培和利用．北京：中国农业出版社，5-104．

崔致学．1993．中国猕猴桃 [M]．济南：山东科学技术出版社．

崔致学．1980．猕猴桃研究报告集 (1979-1980) [C]．中国农业科学院郑州果树研究．

崔致学主编，梁畴芬，等编著．1993．中国猕猴桃 [M]．济南：山东科学技术出版社．

冯懿挺，陈绍瑗，姜维梅，等．2004．药用植物猫人参有效成分研究 (Ⅱ)——氨基酸成分分析 [J]．浙江大学学报 (农业与生命科学版)，30(2)：189-190．

宫象晖，王芝云，尹涛，等．2004．适宜青岛发展的猕猴桃品种 [J]．落叶果树，(1)：24-25．

顾霞，陈庆红，何华平，等．2009．‘金农’和‘金阳’猕猴桃优良性状评价 [J]．38 (6)：30-31．

顾霞，陈庆红，徐爱春．2010．金硕猕猴桃性状表现及主要栽培技术 [J]．福建果树，(3)：31-32．

韩礼星，黄贞光，李明，等．2004．猕猴桃新品种‘中猕1号’[J]．园艺学报，31(3)：419．

韩世明，虞志军，魏宗贤，等．2012．猕猴桃新品种——‘云海 1 号’的选育 [J]．果树学报，29(5)：954-955．

何阳鹏，秦剑桥．2005．不同猕猴桃品种生物学特性比较研究 [J]．林业科技开发，19 (3)：38-40．

侯芳玉，陈飞，陆意，等．1995．长白山产软枣猕猴桃茎多糖抗感染和抗肿瘤作用的研究 [J]．白求恩医科大学学报，21(5)：472-475．

黄春源，陈金爱，梁红．2010．‘武植三号’猕猴桃的品种改良及高产优质栽培 [J]．中国园艺文摘，(1)：13-15．

黄宏文等著．2013．猕猴桃属分类 资源 驯化 栽培 [M]．北京：科学出版社，9-26．

黄宏文，龚俊杰，王圣梅，等. 2000. 猕猴桃属 (*Actinidia*) 植物的遗传多样性 [J]. 生物多样性，8：1-12.

黄宏文. 2009. 猕猴桃驯化改良百年启示及天然居群遗传渐渗的基因发掘 [J]. 植物学报，44：127-142.

黄宏文主编，王圣梅，张忠慧，姜正旺，龚俊杰编著. 2001. 猕猴桃高效栽培 [M]. 北京：金盾出版社，28.

黄瑾，郑玉建，王维山，等. 2008. 狗枣猕猴桃根对小鼠抗氧化作用 [J]. 中国公共卫生，24 (1)：75-76.

贾兵，王谋才，孙俊，等. 2011. 晚熟中华猕猴桃新品种——皖金' 的选育 [C]. 黄宏文主编，猕猴桃研究进展 (VI)，66-68.

贾潭科，党宽录. 2009. 猕猴桃新品种晚红的选育 [J]. 西北园艺，(10)：29-30.

姜景魁，虞伟明，曾成才. 2004. 十五个猕猴桃优良品种引种研究 [J]. 中国南方果树，33 (6)：87-88.

姜景魁. 1993. 中华猕猴桃新品种 '建科 1 号' [J]. 福建农业科技，13.

金方伦，黎明，韩成敏. 2009. 贵长猕猴桃在黔北地区的生物学特性及丰产优质栽培技术 [J]. 贵州农业科学，37(10)：175-177.

雷玉山，王西锐，姚春潮，等. 2010. 猕猴桃无公害栽培技术 [M]. 西北农林科技大学出版社. P20.

雷玉山，王西锐，刘运松，等. 2007. 猕猴桃中熟新品种——华优的选育 [J]. 果树学报，24 (6)：869-870.

李光. 猕猴桃新品种 '红什 1 号' 通过审定 [J]. 2011. 农村百事通，(15)：7.

李华昌摘，杨新波校. 2006. 彩色猕猴桃提取物的体外心血管保护作用 [J]. 国外医药—植物分册，21 (6)：262.

李加兴，梁坚，陈双平，等. 2007. 猕猴桃果汁润肠通便保健功能的动物试验 [J]. 食品与生物技术学报，26 (1)：21-24.

李加兴，陈奇，陈双平，等. 2006. 铅对儿童健康的危害及猕猴桃促进排铅机理 [J]. 果蔬加工，22 (2)：39-40.

李洁维，王新桂，莫凌，等. 2003. 美味猕猴桃新品系 '实美' 的选育 [C]. // 黄宏文主编，猕猴桃研究进展 (II)，93-96.

李俊梅. 2010. 云南会泽猕猴桃新品种——会泽 8 号简介 [J]. 果树实用技术与信息，(10)：17.

李丽，梁洁，甄汉深，等. 2006. 美味猕猴桃提取物对 D- 半乳糖胺诱导的肝损伤的影响 [J]. 广西医学，28(10)：1608-1609.

李瑞高，梁木源，李洁维，等. 1996. 中华猕猴桃 '桂海 4 号' 株系的优良性状 [J]. 广西科学院学报，(3)：27-30.

李书林，曹振强，王熙龙. 2001. 猕猴桃早熟新品种 '豫猕猴桃 2 号' [J]. 中国果树，(5)：7-8.

李淑华，张绍伦，李平亚. 1990. 狗枣猕猴桃寡糖的免疫调节作用 [J]. 白求恩医科大学学报，16 (4)：350-352.

梁红，艾伏兵，刘忠平，等. 2006. 和平红阳中华猕猴桃高产优质栽培技术 [J]. 中国种业，(10)：62-63.

梁红，胡延吉，刘胜洪，等. 2009. '和雄 1 号' 中华猕猴桃授粉品种的选育 [J]. 中国种业，(9)：65-66.

林延鹏，杨娟，刘新民，等. 2000. SOD 猕猴桃果汁对体液免疫血清与红细胞丙二醛水平的影响 [J]. 中国微生物学杂志，12 (3)：166-168.

刘秀英，胡怡秀，藏雪冰，等. 2005. 猕猴桃果汁对染铅小鼠驱铅效果观察 [J]. 中国食品卫生杂志，17 (1)：17-19.

刘忠平，邹梓汉，陈金爱，等. 2006. '和平 1 号' 猕猴桃及其高产优质栽培 [J]. 中国种业，(5)：51-52.

卢丹，俞立超，姚善泾. 2005. 中华猕猴桃果多糖的分离纯化与抗肿瘤试验研究 [J]. 食品科学，26 (2)：213-215.

鲁传祥，2004. 猕猴桃新品种——'超太上皇' [J]. 落叶果树，(2)：3.

吕俊辉，吕娟莉，陈春晓，2009. 优质早熟猕猴桃新品种翠香 [J]. 西北园艺，(8)：31.

聂勇波，符平均. 2009. '海沃德' 猕猴桃的栽培 [J]. 特种经济动植物，(5)：43-44.

欧阳辉，张永康. 2004. 猕猴桃果仁油主要成分及其药理生理作用 [J]. 吉首大学学报（自然科学版），25(1)：

80-82.

潘曼，钟海雁，李忠海，等. 2009. 酶法制备猕猴桃渣膳食纤维工艺研究 [J]. 经济林研究，27(1)：29-33.

裴昌俊，刘世彪，向远平，等. 2011. 美味无籽猕猴桃新品种‘湘吉’选育与丰产栽培技术研究初报 [C]. // 黄宏文主编，猕猴桃研究进展 (VI)，69-71.

裴昌俊，刘世彪，向远平，等. 2011. 中华无籽猕猴桃新品种‘湘吉红’选育与栽培技术研究 [J]. 吉首大学学报 (自然科学版)，32 (6)：87-88.

齐秀娟，方金豹，韩礼星，等. 2011. 全红型软枣猕猴桃品种——‘天源红’的选育 [C]. // 黄宏文主编，猕猴桃研究进展 (VI)，49-50.

齐秀娟，韩礼星，李明，等. 2011. 全红型猕猴桃新品种‘红宝石星’[J]. 园艺学报，38(3)：601-602.

石泽亮，刘泓. 1990.‘米良1号’猕猴桃的选育及生物学特性的研究 [J]. 吉首大学学报(自然科学)，11(5)：53-58.

舒思洁，胡宗礼，闵清，等. 1994. 猕猴桃果汁对小鼠胃肠功能的影响 [J]. 湖北医学院咸宁分院学报，18(3)：112-114.

宋圃菊，Tannenbaum S R. 1984. 中华猕猴桃的防癌作用，一、中华猕猴桃汁阻断N－亚硝基吗啉合成 [J]. 营养学报，6(2)：109-114.

宋圃菊，徐勇. 1988. 中华猕猴桃的防癌作用，五、阻断大鼠和健康人体内N－亚硝基脯氨酸的合成 [J]. 营养学报，10(1)：50-55.

宋圃菊，张联. 1987. 中华猕猴桃的防癌作用，三、在模拟人胃液中对N－亚硝酰铵合成的阻断作用——Ames 试验 [J]. 营养学报，9(3)：208-214.

宋圃菊，张琳，丁兰. 1984. 中华猕猴桃汁的防癌作用，二、在体外模拟胃液中对亚硝胺合成的阻断作用——Ames 试验 [J]. 营养学报，6(2)：241-246.

唐素香，吴美华，陈东元. 1991. 中熟中华猕猴桃新品种——‘怡香’[J]. 中国果树，(1)：20-21.

唐筑灵，张小蕾. 1995. 中华猕猴桃汁抗小鼠红细胞脂质过氧化作用 [J]. 贵阳医学院学报，20 (4)：301-302.

田志刚，魏金成，李华玲，等. 2011. 中华猕猴桃黄肉新品种‘豫皇1号’选育研究 [C]. // 黄宏文主编，猕猴桃研究进展 (VI)，58-61.

田志刚，魏金成，李华玲，等. 2011. 中华猕猴桃金黄果肉新品种‘豫皇2号’选育研究 [C]. // 黄宏文主编，猕猴桃研究进展 (VI)，62-65.

王岸娜，徐山宝，刘小彦，等. 2008. 福林法测定猕猴桃多酚含量的研究 [J]. 29：398-401.

王明忠，李明章. 2003. 红肉猕猴桃新品种——‘红阳’猕猴桃 [C]. // 黄宏文主编，猕猴桃研究进展 (II)，北京：科学出版社，90-92.

王明忠，李兴德，余中树，等，2005. 彩色猕猴桃新品种‘红美’的选育 [J]. 中国果树，(4)，7-8.

王明忠，蒲仕华. 2012. 彩色猕猴桃两性花品种‘龙山红’的选育 [J]. 资源开发与市场，28 (11)：1016-1017.

王明忠，唐伟，侯仕宣. 2006. 红肉猕猴桃新品种‘红华’的选育 [J]. 中国果树，(1)：10-12.

王仁才，熊兴耀，李顺望，等. 2003. 沁香猕猴桃选育与栽培技术 [C]. // 黄宏文主编，猕猴桃研究进展 (II)，北京：科学出版社，86-89.

王仁才主编，吕长平，钟彩虹编著. 2000. 猕猴桃优质丰产周年管理技术 [M]. 北京：中国农业出版社，5-30.

王伟成. 1995.‘米良1号’猕猴桃 [J]. 湖南农业，(5)：15.

王熙龙，李书林，杨永泰. 2011. 猕猴桃早熟优质新品种华金的选育 [J]. 中国果树，(6)：8-10.

王之灿，陈绍瑗，姜维梅，等. 2003. 药用植物猫人参化学成分研究 (III) ——挥发油成分分析 [J]. 分析试验室，22 (11)：78.
王中炎，蔡金术，彭俊彩，等. 2011. 优质耐热猕猴桃新品种‘丰硕’及‘源红’的选育 [J]. 湖南农业科学，(5)：103-106.
卫行楷. 1993. 美味猕猴桃优良品种‘徐香’[J]. 中国果树，(2)：22-23.
吴标，麻成金，黄群，等. 2007. 脱脂猕猴桃籽粕蛋白质提取工艺条件研究 [J]. 四川食品与发酵，(5)：35-38.
吴伯乐，吴志广. 1998. 优质耐贮猕猴桃新品系——‘新观 2 号’[J]. 中国果树，(4)：29-30.
吴放，张安世，宋爱青，等. 2006. 猕猴桃新品种——‘蜜宝 1 号’的选育 [J]. 果树学报，(6)：914-915.
吴惠芳，王满力，李建玲，等. 1989. 从猕猴桃皮渣中提取果胶的试验 [J]. 贵州工学院学报，18 (4)：98-102.
武吉生，龙登云，刘意文. 1994. 少籽猕猴桃新品种——‘湘州 83802’[J]. 中国果树，(1)：22.
向志钢，李先辉，刘锋，等. 2009. 猕猴桃果仁油对小鼠非酒精性脂肪性肝的作用 [J]. 世界华人消化杂志，17(34)：3491-3496.
谢鸣，吴延军，蒋桂华，等，2008. 大果毛花猕猴桃新品种‘华特’[J]. 园艺学报，35 (10)：1555.
辛培刚，鲁传祥. 2000.‘太上皇’——大果丰产优质的猕猴桃新品种 [J]. 落叶果树，(1)：12-13.
幸珍松，毕诗忠，何中军，等. 2001. 猕猴桃新品种——‘赣猕 5 号’[J]. 落叶果树，(4)：20.
徐国平，宋圃菊. 1992. 中华猕猴桃汁阻断胃癌高发区人群的内源性 N- 硝基化合物合成 [J]. 营养学报，14 (2)：145-148.
薛美兰，侯建明，张秀珍，等. 2006. 猕猴桃浓缩物对高脂血症大鼠血脂及红细胞膜流动性的影响 [J]. 营养学报，28 (4)：350-351.
严平生. 2007. 美味猕猴桃新品种‘金香’的选育和推广 [C]. // 黄宏文主编，猕猴桃研究进展(IV). 营养学报，88-89.
阎家麒，王九一，赵敏. 1995. 中华猕猴桃多糖的提取及其对自由基的清除作用 [J]. 中国生化药物杂志，16 (1)：12-14.
杨义明，赵淑兰，艾军，等. 2011. 大果软枣猕猴桃优系‘8401’选育初报 [J]. 北方园艺，(2)：186-187.
殷展波，崔丽宏，刘玉成，等. 2008.‘桓优1号’软枣猕猴桃品种特性观察 [J]. 河北果树，2008(2)：8，19.
于千桂，2009.‘秋香’猕猴桃特性及其栽培技术 [J]. 烟台果树，(2)：29.
翟延君，冯夏红，康廷国，等. 1996. 软枣猕猴桃不同药用部位微量元素的含量测定 [J]. 微量元素与健康研究，13 (3)：32-33.
张凤芳，钟振国，张雯艳，等. 2005. 山梨猕猴桃提取物的体外抗肿瘤活性究 [J]. 中医药学刊，23 (2)：261-263.
张洪池，张淼，倪水初. 2011. 猕猴桃极早熟新品种‘海艳’的选育 [J]. 中国果树，4：8-10.
张洁编著. 1994. 猕猴桃栽培与利用 [M]. 北京：金盾出版社，43.
张联，宋圃菊. 1987. 中华猕猴桃的防癌作用，四、浓缩猕猴桃汁阻断N－亚硝酰铵的体内合成——大鼠胚胎毒性实验 [J]. 营养学报，9(4)：311-316.
赵淑兰，1996. 软枣猕猴桃新品种——‘丰绿’[J]. 特产研究，(3)：51-52.
赵淑兰，沈育杰，杨义明，等. 2007. 软枣猕猴桃优良品系‘9701’、‘8134’的选育 [J]. 特产研究，(1)：47-48.
赵淑兰，袁福贵，马月申，等. 1994. 软枣猕猴桃新品种——‘魁绿’[J]. 园艺学报，21(2)：207-208.
郑子修，钟金颜，张学翼. 1992. 中华猕猴桃营养生物学效应研研究——浓缩果汁对家兔血清脂蛋白和高密度脂蛋白胆固醇及其亚组分的效应 [J]. 江西科学，10(2)：89-93.
钟彩虹，龚俊杰，姜正旺，等. 2009. 2 个猕猴桃观赏新品种选育和生物学特性 [J]. 中国果树，(3)：5-7.
钟彩虹，王中炎，卜范文. 2002. 优质耐贮中华猕猴桃新品种‘丰悦’、‘翠玉’[J]. 园艺学报，29 (6)：592.

钟彩虹，王中炎，卜范文．2005．猕猴桃红心新品种‘楚红’的选育 [J]．中国果树，(2)：6-8.

钟振国，张凤芬，甄汉深，等．2004．美味猕猴桃根提取物抗肿瘤作用的实验研究 [J]．中医药学刊，22 (9)：1705-1707.

钟振国，张雯艳，张凤芳，等．2005．中越猕猴桃根提取物体外抗肿瘤活性研究 [J]．中药材，28 (3)：215-218.

周民生，蒋迎春，罗前武，等．2008．美味猕猴桃新品种‘鄂猕猴桃 4 号’ [J]．园艺学报，35 (7)：1087.

周跃勇，王岸娜，吴立根．2007．从猕猴桃中提取多酚的研究 [J]．食品研究与开发，28 (3)：56-60.

朱鸿云．1983．中华猕猴桃栽培 [M]．上海：上海科学技术出版社.

朱鸿云编著．2002．猕猴桃优良品种与无公害栽培 [M]．北京：台海出版社．P32-57.

朱立武，丁士林，王谋才，储琳．2001．美味猕猴桃新品种‘皖翠’ [J]．园艺学报，(28)：86.

朱立武等．2010．安徽省猕猴桃新品种及相关技术研究 [C]．第四届全国猕猴桃学术会议论文，10，成都蒲江.

左长清主编．1996．中华猕猴桃栽培与加工技术 [M]．北京：中国农业出版社.

Belrose, Inc. 2012.World kiwifruit review. Belrose, Inc., Pullman, Washington.

Belrose, Inc. 2013. World kiwifruit review. Belrose, Inc., Pullman, Washington.

Batchelor J, Miyabe K. 1893. Ainu economic plants. Trans. Asiatic Soc. Japan, 21:198-240.

Cui ZX, Huang HW, Xiao XG. 2002. *Actinidia* in China. China. Agricultural Science and Technology Press, Beijing.

Ferguson AR, Bollard EG. 1990. Domestication of the kiwifruit. In: Warrington, I J., Weston, GC. eds. Kiwifruit: science and management. Auckland, Ray Richards Publisher in Association with the New Zealand Society for Horticultural Science, 165-246.

Gao XZ, Xie M. 1990. A survey of recent studies on *Actinidia* species in China. Acta Hort, 282:43-52.

Georgeson CC. 1891. The economic plants of Japan. III. Fruit bearing vines. Am Garden, 12(3):136-143, 147.

Gilbert JM, Young H, Ball RD, Murray SH.1996. Volatile flavor compounds affecting consumer acceptability of kiwifruit. J Sens Stud, 11:247-259.

Hallett IC, Wegrzyn TF, MacRae EA. 1995. Starch degradation in kiwifruit: in vivo and in vitro ultrastructural studies. Int J Plant Sci, 156:471-480.

Huang HW, Ferguson AR. 2007. Genetic Resources of Kiwifruit: domestication and breeding. In: Janick J. ed. Horticultural Reviews, Vol. 33. Hoboken, New Jersey: John Wiley & Sons Inc. 1-121.

Ito K, Kaku H. 1883. Figures and descriptions of plants in Koshikawa Botanical Garden. (Translated by J. Matsumura.) Vol. 2. Z.P. Maruya, Tokyo.

Warrington IJ, Westeon GC. 1990. Kiwifruit science and management [M].99-101.

Jordán MJ, Margaría CA, Shaw PE, Goodner KL. 2002. Aroma active components in aqueous kiwifruit essence and kiwi fruit puree by GC-MS and multidimensional GC/GC-O. J Agr Food Chem , 50:5386-5390.

Kataoka I, Mizugami T, Kim JG, Beppu K, Fukuda T, Sugahara S, Tanaka K, Satoh H, Tozawa K. 2010. Ploidy variation of hardy kiwifruit (*Actinidia arguta*) resources and geographic distribution in Japan. Sci. Hort. , 124:409-414.

JG, Beppu K, Fukuda T, et al. 2010. Ploidy variation of hardy kiwifruit (*Actinidia arguta*) resources and geographic distribution in Japan. Sci. Hort., 124(3):409-414.

Li DW, Liu YF, Zhong CH, Huang HW. 2010. Morphological and cytotype variation of wild kiwifruit (Actinidia chinensis complex) along an altitudinal and longitudinal gradient in central-west China. Bot J Linn Soc, 161(1):72-83.

Li JQ, Li XW, Soejarto DD. 2007. Actinidiaceae. In: Wu ZY, Raven P H, Hong DY. eds. Flora of China. Vol.12. Beijing: Science Press, & St. Louis, Missouri: Missouri Botanical Gardens. 334-360.

Marsh K, Attanayake S, Walker S, Gunson A, Boldingh H, MacRae E. 2004. Acidity and taste in kiwifruit. Postharv Biol Technol, 32:159-168.

Matich AJ, Young H, Allen JM, Wang MY, Fielder S, McNeilage MA., MacRae EA. 2003.

Actinidia arguta: volatile compounds in fruit and flowers. Phytochemistry, 63: 285-301.

McGhie TK, Ainge GD. 2002. Color in fruit of the genus *Actinidia*: carotenoid and chlorophyll compositions. J Agr Food Chem, 50:117-121.

Montefiori M, Costa G, McGhie T, Ferguson R. 2003. I pigmenti responsabili della colorazione dei frutti in *Actinidia*. p. 99-104. In: Costa G (ed.), *Actinidia*, la novità frutticolo del XX secolo. Convegno Nazionale della Società Orticolo Italiana, 21 November 2003. Verona, amera di Commercio Industria Artigianato e Agricoltura di Verona, Italy.

Montefiori M, Costa G, McGhie T, Ferguson R. 2004. Indagini sul colore della polpa dei frutti di alcune specie di *Actinidia*. Riv. Frutticolt. Ortofloricolt, 66(10): 43-45, 47, 48.

Mouat II, New Zealand varieties of Yang-Tao or Chinese gooseberry, New Z J Agric, 97 (1953) 161-165.

Paterson VJ, MacRae EA, Young H. 1991. Relationships between sensory properties and chemical composition of kiwifruit (Actinidia deliciosa). J Sci Food Agr, 57:235-251.

Possingham JV, Coote M, Hawker JS. 1980. The plastids and pigments of fresh and dried Chinese gooseberries (*Actinidia chinensis*). Ann Bot. 45:529-533.

Qian YQ, Yu DP. 1991. Advances in *Actinidia* research in China. Acta Hort, 297:51-55.

Stec MGH, Hodgson JA, MacRae EA, Triggs CM. 1989. Role of fruit firmness in the sensory evaluation of kiwifruit (*Actinidia deliciosa* 'Hayward'). J Sci Food Agric, 47: 417-433.

Jaeger SR, Rossiter KL, Wismer WV, Harker FR. 2003. Consumer-driven product development in the kiwifruit industry. Food Qual Pref, 14: 187-198.

White J. 1986. Morphology of the fruit hairs in cultivars of *Actinidia deliciosa* var. *deliciosa*, *Actinidia eriantha* and *Actinidia rufa*. New Zealand J Bot, 24:415-423.

Zespri. 1997. Kiwifruit New Zealand. Annual Report.

Zhao YP, Wang XY, Wng ZC, Lu Y, F CX, ChenSY. 2006 .Essential oil of *Actinidia macrosperma*, a catnip response kiwi endemic to China. J Zhejiang Univ.Sci B, 7(9) : 708-712.

猕猴桃品种（类型）中文名索引

X

Y

Z